中国现象学文库
现象学原典译丛·海德格尔系列

时间概念

〔德〕海德格尔 著
〔德〕冯·海尔曼 编
孙周兴 陈小文 译

Martin Heidegger
Der Begriff der Zeit
Gesamtausgabe Band 64,
Herausgegeben von Friedrich-Wilhelm v. Hermann,
For volume 64 of the Complete Works edition:
© Vittorio Klostermann GmbH, Frankfurt am Main, 2004.
For text "Der Begriff der Zeit (Vortrag 1924)"
© De Gruyter

本书根据德国维多里奥·克劳斯特曼出版社2004年全集版第64卷译出

《中国现象学文库》编委会

（以姓氏笔画为序）

编　　委

丁　耘　　王庆节　　方向红　　邓晓芒　　朱　刚
刘国英　　关子尹　　孙周兴　　杜小真　　杨大春
李章印　　吴增定　　张　伟　　张　旭　　张再林
张廷国　　张庆熊　　张志扬　　张志伟　　张灿辉
张祥龙　　陈小文　　陈春文　　陈嘉映　　庞学铨
柯小刚　　倪梁康　　梁家荣　　靳希平　　熊　林

常　务　编　委

孙周兴　　陈小文　　倪梁康

《中国现象学文库》总序

自 20 世纪 80 年代以来，现象学在汉语学术界引发了广泛的兴趣，渐成一门显学。1994 年 10 月在南京成立中国现象学专业委员会，此后基本上保持着每年一会一刊的运作节奏。稍后香港的现象学学者们在香港独立成立学会，与设在大陆的中国现象学专业委员会常有友好合作，共同推进汉语现象学哲学事业的发展。

中国现象学学者这些年来对域外现象学著作的翻译、对现象学哲学的介绍和研究著述，无论在数量还是在质量上均值得称道，在我国当代西学研究中占据着重要地位。然而，我们也不能不看到，中国的现象学事业才刚刚起步，即便与东亚邻国日本和韩国相比，我们的译介和研究也还差了一大截。又由于缺乏统筹规划，此间出版的翻译和著述成果散见于多家出版社，选题杂乱，不成系统，致使我国现象学翻译和研究事业未显示整体推进的全部效应和影响。

有鉴于此，中国现象学专业委员会与香港中文大学现象学与当代哲学资料中心合作，编辑出版《中国现象学文库》丛书。《文库》分为"现象学原典译丛"与"现象学研究丛书"两个系列，前者收译作，包括现象学经典与国外现象学研究著作的汉译；后者收中国学者的现象学著述。《文库》初期以整理旧译和旧作为主，逐步过渡到出版首版作品，希望汉语学术界现象学方面的主要成果能以《文库》统一格式集中推出。

我们期待着学界同仁和广大读者的关心和支持，借《文库》这个园地，共同促进中国的现象学哲学事业的发展。

《中国现象学文库》编委会
2007 年 1 月 26 日

目　　录

时间概念（1924 年）…………………………………………… 1
　　第一节　狄尔泰的问题提法与约克的基本倾向 ……………… 7
　　第二节　此在的源始存在特征 ………………………………… 17
　　第三节　此在与时间性 ………………………………………… 53
　　第四节　时间性与历史性 ……………………………………… 100

时间概念（1924 年演讲）……………………………………… 123

编者后记 ………………………………………………………… 147

译后记 …………………………………………………………… 154

时间概念(1924年)

促使我暂时公布下面关于时间的探究的，是威廉姆·狄尔泰[①]与保罗·约克·冯·瓦滕堡[②]伯爵之间的通信集的出版。[③]本文想要更透彻地理解这个通信集。书信的写作乃出于一种研究方式，这种研究方式的源始的积极意图理当得到揭示。在1895年6月4日的一封信中，约克提到了这种堪称典范的哲人友谊的实质性的、因而最地道的源泉："我们共同的兴趣在于理解历史性……"（第185页）。下面的探究接受了这种兴趣。它试图廓清在这种兴趣中活生生的问题提法。

要理解的是历史性，而不是要考察历史（世界历史）。历史性意味着作为历史而存在的东西的历史性存在[④]。[⑤]因此，上面所谓的

[①] 威廉姆·狄尔泰（Wilhelm Dilthey, 1833—1911年）：德国哲学家、历史学家，解释学哲学的代表人物。——译注
[②] 保罗·约克·冯·瓦滕堡（Paul Yorck v. Wartenburg, 1835—1897年）：德国作家和哲学家，狄尔泰的好友，与狄尔泰通讯达20年之久。——译注
[③] 《威廉姆·狄尔泰与保罗·约克·冯·瓦滕堡之间的通信集（1877—1897年）》(Briefwechsel zwischen Wilhelm Dilthey und dem Grafen Paul Yorck von Wartenburg (1877—1897)）。(E. 罗特哈克编，哲学与人文科学书系，第1卷）尼迈耶出版社，哈勒（萨勒河畔），1923年。——原注
[④] 注意此句中的"历史性"与"历史性存在"的差别，"历史性"德语原文为Geschichtlichkeit，而"历史性存在"德语原文为Geschichtlichsein。——译注
[⑤] 这其中含有一个问题
根本上何种存在者存在
作为历史——
这要根据历史性之存在
来解答

兴趣，原本并不是要澄清历史性之物的对象存在，也即并不是要澄清历史以何种方式成为一门对它进行考察的历史科学的客体。在这个科学理论的问题之前，还有关于历史性存在之意义的更彻底的问题。一个作为历史而存在的存在者的存在结构，理当得到揭示。

这样一项任务乃是存在学的①。它以存在者之存在(ἦ ὄν[作为存在者])来称呼(λόγος[逻各斯])存在者(ὄν)，并且在范畴②中把这个存在者的如此这般被显突出来的存在特征带向概念。然则如果一个存在者身上的存在特征应当得到揭示，那么，这个存在者本身就必须预先为了存在学研究的目光而进入视野之中。这个存在者必须——从它自身而来——显示自己(φαίνεσθαι)，也就是说，它必须成为现象(Phänomen)③，并且就像它自行显示的那样被称呼(λόγος[逻各斯])。所以，现象学乃是这样一种研究方式，唯在其中，一种存在学的探究才可能上路并且得以保持。历史性乃是一种存在特征；是何种存在者的存在特征呢？是人类此在的。于是，[我们

> 根据其中原初地包含的东西——时间性
> 何种存在者根本上"是"
> 时间性的——因而——它就是
> 时间本身——
> 这个存在者也就是真正历史性的。——作者边注

① 此处"存在学的"(ontologisch)又译为"本体论的、存在论的"。——译注
② κατηγορεῖν[指控、指明、断言]乃是一种特定的而且别具一格的λέγειν[言说]，说的是：公开指控，也即直截了当地对某人讲，说他曾经是那个……对于存在者，可以在真正意义上直截了当地说：它的存在(Sein)。也就是说，把这个存在者的存在提揭出来和保存下来的，是"范畴"。——原注
③ 由《通信集》的一段文字："还有这一篇关于内在感知和时间的论文——然后第二卷差不多就完成了"(第107页)我们得知，狄尔泰曾计划讨论时间现象；——是不是有了完成了的探究，将由著作集中的遗著卷来说明。——原注

的]①任务就在于,把这个存在者本身展露出来,进而在其存在方面对之作出规定。使历史性变得在存在学上可解读的此在的存在式基本机制,乃是时间性。于是,[我们的]任务是理解历史性,而关于时间的现象学阐明是以之为目标的。②

这样一种对包含在"理解历史性"的兴趣中的问题提法的廓清,应当把今天的研究带入一种可能性之中,即在创造性的争辩中,让我们从狄尔泰和约克那里继承下来的东西发挥作用。因此就需要一种对两位朋友在他们的共同兴趣中所追求的东西做一种简明的定位。他们俩对于为这样一种兴趣效力的工作的参与是不一样的。下面的描述必须考虑这种差异性。狄尔泰已有完成的、大量的研究。任何一种进一步的工作首先都必须依循狄尔泰。③而相反,约克为人所知的,只有一些零星的、多半原则性的思考和论点,它们是分散的,是从与这位友人同行的工作中形成的。它们可以说把他在共同的阵地中推到了前哨位置。他看得要犀利得多,思得要彻底得多。④要恰当地居有他的思想,只能是把它们完全置于狄尔泰所实行的工作之中,从而使之变得卓有成效。唯有这样,约克的书信才被理解为一位友人的书信,对于这位友人来说重要的只是,在生动的交往中协助那个共同进行哲学思考者达到其实存,因而促使自己达到本己的实存。与之相反,关于谁是"更伟大者"的一种好奇

---

① 方括号中内容为译者所加。——译注
② 为具有遮盖作用的先入之见所展露。——作者边注
③ 在米施(G.Misch)领导下的《狄尔泰全集》(*Diltheys Ges. Schriften*)编辑的忘我工作,是怎么评价也不为过的。唯现在才有可能,使狄尔泰的具体论著对于青年一代在哲学和人文科学教学方面的学术训练来说成为卓有成效的。——原注
④ 他是不是最初起引导作用的,这还是成问题的。——作者边注

算计，就会变成一种关于两位友人的信念的误解。

因此，本文的轮廓如下：导引部分（第一节）要对狄尔泰的问题提法作简明的刻划。有鉴于此，约克的哲学意向就能根据一些独特的书信文字来加以说明。在如此这般被固定下来的视域中，可提出关于时间的探究。根据此在之存在特征所做的此在分析（第二节）将为关于时间的阐明工作（第三节）提供基础。在第二和第三节里展露出来的现象域范围内，历史性作为此在之存在特征的基线得以固定，同时，关于历史性和此在的"理解"赖以完成的研究方式也得到了规定（第四节）。由此，考察工作便转回到了自己的起点，同时昭示出它的意图，即要在当代保养约克伯爵的精神并且效力于狄尔泰的事业。

第一节　狄尔泰的问题提法与
　　　　约克的基本倾向

　　狄尔泰的全部工作的动力，都来自一种追求，就是要把人类精神的、社会历史性的现实，即"生命"(das Leben)，带向一种科学性的①理解，并且为这种理解的科学性提供一个真正的基础。科学认识在两条道路上致力于对于生命的理解性展开：其一作为哲学，其最终目的在狄尔泰和约克看来乃是一个道德的-教育的目的；其二作为历史学的人文科学，后者要把生命的"客观化过程"描述出来。历史学人文科学诸学科的真正科学性乃建基于：最终通过客观化而成为其持久课题的东西——即生命——本身在其结构方面得到了制订。唯有这样，这些具体科学才从其课题的实事内容中获得了其追问和解释的可靠引线。然而，作为精神之科学，它们需要一种用普遍命题来表达的论证，通过普遍命题，它们获得了对自己的认识行为的一种方法上的规整。但命题和规则却是要从"认识"(Erkennen)本身中汲取的，而"认识"本身又是以"心灵脉络"(seelischer Zusammenhang)(即生命)为"基底"的。所以，要把历

---

　　①　此处"科学性的"(wissenschaftlich)是在"人文科学"或"精神科学"(Geisteswissenschaft)意义上讲的。——译注

史学人文科学提升到真正科学性档次的努力，就从两个"方面"，即课题对象方面与把这个对象展示出来的认识方面，被推向一个唯一的任务，就是详细研究"心灵脉络"本身及其结构。但只要哲学应当根据人类生命的基本可能性制订出一种关于人的理论，那么，就连哲学也会看到自己面临着这同一种分析"心灵脉络"的任务。这种分析必须着眼于人之体验的"结构脉络"，揭示出"人这整个事实"，即这个思维的、意愿的和感受的动物。此所谓结构脉络不会仿佛从生命中流失，不是随生命一道发生的，而是"被体验到"的。而且，它是如此这般被体验的，以至于在生命的每一个行为和动机中都有生命整体在此存在。作为被体验的东西，心灵之结构脉络同时也是"演化脉络"。只要生命是演化，而且向来作为具体的、历史性的生命，那么，它本己的历史就必定成为它理解的工具（Organon）。关于历史的历史学科学，也即历史学的学科越是可靠地活动于它在方法上得到保障的并且通过概念制订出来的本己轨道中，那么，这种历史就越是源始地和透彻地说话。关于人类的理论，人类精神的具体历史，以及关于人类及其历史的科学的理论[1]，它们构成一个具有三重环节的、但永远统一地坚持到底的目标，狄尔泰的每一项探究以及每一个依然如此孤立的问题提法或明确或不明确地都在追求这个目标。这种研究的基础乃是关于生命的"心理学"——即关于心灵脉络本身的"心理学"。因为生命应当被理解为源始的、本己的现实性，所以，关于生命的科学探讨的方式只能是从它本身而来得到规定的。这也意味着：关于这样一种"心理

---

[1] 或者认识意义／研究。——作者边注

第一节 狄尔泰的问题提法与约克的基本倾向

学"的努力不可能为科学地揭示一个自然对象意义上的心灵的尝试提供任何路径。心灵脉络原初地在其统一性中被给予，从这个原初地保持在视野中的整体而来并且回到这个整体之中，它的个别结构才能得到理解。心灵之物是不能通过假设的元素组建起来的。但如果对心灵脉络的描写要满足上面刻画的奠基任务，那么，这种描写就必须同时具有一种可靠而普遍有效的知识的特征。①

这样一来，狄尔泰的问题提法的方法论基本立场就变得显而易见了。"唯在内在经验中，在意识之事实中，我才找到了我的思想的一个坚固的锚地……"②"他们的研究［狄尔泰说的是'历史学派'］以及他们对历史现象的利用，缺失的是与意识事实之分析的联系，因而缺失的是在唯一的、终极可靠的知识基础上的论证，质言之，缺失的是一种哲学的奠基"③。在这样一种观点基础上，"我们关于整体自然的图景便证明自己为单纯的阴影，这是由一种对我们遮蔽着的现实投射出来的阴影，与之相反，我们只是在那些在内在经验中被给予的意识之事实中才拥有如其所是的实在性。"④在这些意识事实中，"整个人类"、完全的"实在的生命过程"当变得显而易见。以此意图，狄尔泰虽然站在反对一切"理智主义"心理学的立场上了，但他的奠基工作的方法论基础，仍然是对于 *cogitationes*［思维］(*res cogitans*［思维之物］)及其课题设定的通达方式，正如

---

① 在一个关于《狄尔泰全集》第 5 卷上册的"准备报告"中(1924 年，第 VII—CXVII 页)，G. 米施利用"日记"和"草稿"，首次给出了一个狄尔泰思想发展史，而且已经以约克的书信为定向。——原注
② 《狄尔泰全集》第 1 卷(《人文科学导论》)，序言，第 XVII 页。——原注
③ 同上，第 XVI 页。——原注
④ 同上，第 XVIII 页。——原注

笛卡尔在其《沉思录》中对之所做的论证和发展那样。

在与狄尔泰的问题提法和研究工作的交流中体现出来的约克的意图,恰恰显示在对于奠基性的学科即分析心理学的任务的态度中。在谈及狄尔泰的学术论文《关于一种描述的和解析的心理学的观念》(1894年)[①]时,约克写道:"自身沉思[②]被坚定地说成首要的认识手段,分析被坚定地说成首要的认识程式。由此出发,一些由固有的断定所证实的命题得到了表述。对于建构性的心理学及其假定做一种批判性的消解、一种说明并且因此做一种内部的反驳,这方面的工作全无进展。"(《通信集》,第177页)"……您不考虑批判性的消解=放弃在心理学上具体而深入地指出来源,这在我看来,是与您赋予认识理论的概念和立场相联系的。"(第177页)"对不可应用性的说明——这件事实已经得到描写并且已经弄清楚了——是只有一种认识理论才能给出的。它必须对科学方法的适当性作出解释,它必须论证方法学说,而不是像现在这样——我不得不斗胆说——从个别领域里取得方法。"(第179—180页)

归根到底,约克的这个要求乃是一种先行于科学并且指导科学的逻辑的要求,就像柏拉图和亚里士多德的要求一样。在约克的这个要求中包含着一项任务,就是要积极而彻底地为自然所是的存在者与历史所是的存在者(即生命)制订出不同的范畴结构。约克发现,狄尔泰的探究"太少强调存在者层面上的东西与历史学的东西

[①] 《狄尔泰全集》第5卷上册,第139页以下。——原注

[②] 此处"自身沉思"原文为 Selbstbesinnung,英译本作 self-reflection。参看马丁·海德格尔:《时间概念》(*The Concept of Time*),英译本,因戈·法林(Ingo Farin)译,伦敦/纽约,2011年,第6页。——译注

第一节 狄尔泰的问题提法与约克的基本倾向

之间的属类差异。"(第191页)[重点号为原文作者所加]。"特别是您把比较方法当作人文科学的方法来使用。在这里，我与您产生了分歧……比较始终是审美的[①]，始终粘连于形态（Gestalt）。文德尔班[②]赋予历史以形态。您的类型（Typus）概念是一个完全内在的概念。这里的关键是特征（Charaktere），而不是形态（Gestalten）。对于文德尔班来说，历史就是：一系列图景，一系列个别形态，是审美的要求。对于自然科学家来说，除了科学，作为一种人类镇静剂的，就只有审美享受了。您关于历史的概念却是关于一种力之联结的概念，是关于力之单元的概念，形态这个范畴只能以借用的方式应用于这些力之单元上。"（第193页）

基于对"存在者层面上的东西与历史学的东西之间的差异"的可靠直觉，约克认识到，传统的历史研究依然如何顽强地持守于"纯粹视觉的规定"中（第192页），而这些规定是以躯体和形体为目标的。

"兰克[③]是一个巨大的目镜（Okular），对他来说，消失了的东西不可能成为现实……根据兰克的整个方式，也可说明他为何把历史材料局限于政治要素。唯有政治要素才是戏剧性的。"（第60页）"时间过程所带来的变式（Modifikationen），在我看来是非本质性

[①] 此处"审美的"（aesthetisch）也可译为"感性的"。——译注

[②] 文德尔班（Wilhelm Windelband, 1848—1915 年）：德国哲学家，新康德主义弗莱堡学派的创始人。先后担任过苏黎世、弗莱堡和海德堡大学等校教授。代表作有《哲学史教程》（Lehrbuch der Geschichte der Philosophie）等。——译注

[③] 兰克（Leopold von Ranke, 1795—1886 年）：德国著名历史学家，被称为19世纪西方最著名的历史学家，兰克学派的创始人，近代客观主义历史学派之父。——译注

的,而且在此我想做的是完全不同的评价。因为举例说来,所谓的历史学派,我视之为只是同一条河床内的一个支流,只代表一个古老的贯穿始终的对立的一个环节。这个名称具有某种欺骗性。这个学派根本不是历史学的,而是一个好古的、美学上构造出来的,而当时占据优势的浩大运动则是机械建构的运动。所以,历史学派在方法上的贡献,对于理性方法来说只不过是一种总体感(Gesammtgefühl)而已。"(第68—69页)

"真正的语文学家,他把历史学把握为一个古董箱。凡在没有可触性[①]的地方——唯有活生生的心理换位才通向那里,这些先生们都不会前往。他们在骨子里就是自然科学家,而且因为缺乏实验,他们还更多地变成了怀疑论者。所有这些琐碎细节,诸如柏拉图多么经常地去大希腊或者叙拉古,是我们必须完全远离的。其中没有任何生机活力。我现在已经批判性地审视过的这样一种外在的态度,最终会变成一个巨大的问号,而且在荷马、柏拉图、《新约》的伟大实在性面前丢尽了脸面。一切真正实在的东西,如果它们被视为'物自身',如果它们没有被体验,就都会变成幻影。"(第61页)"这些'科学家'面对时间[②]的权势,犹如教养优雅的法国社会与当时的革命运动相对峙。两个都是形式主义、形式崇拜。关系规定成了智慧的最终之言。这样一种思想方向自然有其——依我之见——尚未被书写的历史。思想以及对这种思想的信仰的无根基状态——从认识理论上考察:一种形而上学的行为——乃是历史学的产物"

[①] "可触性"原文为 Palpabilität,英译本作 direct inference。参看马丁·海德格尔:《时间概念》,英译本,第7页。——译注

[②] 此处"时间"(Zeit)也可译为"时代"。——译注

第一节 狄尔泰的问题提法与约克的基本倾向

（第39页）"四百多年前偏心率原理引出了一个新的时代，在我看来，这个偏心率原理所导致的波动已经变得极端宽泛和平淡，认识进展到了扬弃它自身的地步，人已经远远地出离于自身了，以至于他不再看得到自己了。'现代人'也即文艺复兴以后的人行将入墓。"（第85页）与之相反，"一切真正鲜活的、不仅仅描绘生命的历史学则是批判。"（第19页）"但历史知识多半是关于隐蔽来源的认识。"（第109页）"就历史而言，引起轰动和引人注目并不是要事。神经是不可见的，正如本质性的东西根本上是不可见的。正如人们所说的：'倘若你们安静，你们就会变得强大'，这个说法的变式也是真的：如果你们安静，你们就会觉知也即理解。"（第26页）"于是我便能享受安静地与自身的对话，以及与历史精神的交往。历史精神并没有向书斋里的浮士德显现出来，也没有向歌德大师显现出来。不论现象会多么严重，多么扣人心弦，他们都不会惊恐地避让这种精神。说到底，这种现象在一种不同的、更深的意义上是兄弟般友好的、与他者相亲缘的，胜于林间乡野的居民。这种努力类似于雅各[①]的搏斗，对搏斗者本身来说是一种稳靠的收获。而这就是关键所在。"（第133页）

约克对于作为"潜在可能性"[②]的历史之基本特征的清晰洞见，

[①] 雅各（Jacob）：希伯来人牧首，以撒之子，亚伯拉罕之孙，以色列人传统上以他为祖先。其事迹记载于《创世记》。他是以扫的孪生弟弟，雅各以欺骗的手法，从父亲那里获得祝福和以扫的长子名分。在一次前往迦南的旅途中，他跟一位天使搏斗了一整晚，最后这位天使赐福给他，并把他的名字改为以色列。雅各共有十三个子女，其中十个创立了以色列支派。他最宠爱的儿子约瑟，被兄长们卖到埃及当奴隶，但后来一场饥荒迫使约瑟的兄长们到埃及寻找粮食，家族因而重聚。——译注

[②] 此处"潜在可能性"原文为Virtualität，英译本作virtuality。参看英译本，第9页。——译注

是从他对人类生命本身的存在特征的认识中赢获的，也就是说，他恰恰不是在科学理论上从历史考察的对象中赢获的：["整个心理-身体的事实并不存在（*ist*）[存在＝自然之现成在手存在（Vorhandensein）——作者注]，而是生活着，此乃历史性之起点。而且一种自身沉思，它并不指向某个抽象的自我，而是指向我的自身（Seltst）的全幅；这种自身沉思发现我是在历史学上得到规定的，就像物理学认识到我是在宇宙论上得到规定的。恰如我是自然，我也是历史……"（第 71 页）而且，约克看穿了一切不真的"关系规定"和"无根基的"相对主义，他毫不犹豫地从对此之历史性的洞见中得出最后的结论："但另一方面，就自身意识的内在历史性来说，一个从历史学中隔离出来的体系是在方法论上不充分的。正如生理学不能从物理学中抽象出来，哲学——恰恰当它是一种批判性的哲学时——也不能从历史性中抽象出来……自身行为与历史性就像呼吸与气压一样，而且——这听起来可能有几分吊诡——在方法的联系方面，哲思的非历史化在我看来是一种形而上学的残余。"（第 69 页）"因为哲思就是生活[1]，所以——您别惊慌！——以我的看法是有一种历史哲学的——谁能把它写出来啊！——当然不是像迄今为止所理解和所尝试的那种历史哲学，那是您无可争辩地宣称加以反对的。以往的问题提法正是一种错误的提法，其实是不可能的提法，但不是唯一的提法。因此，不再有一种现实的哲思不是历史学上的。系统哲学与历史学描述的分离本质上是不正确的。"（第 251 页）"能够变成实践的，现在这诚然是一切科学的真正合法性根

---

[1] 注意此处"哲思"（philosophieren）与"生活"（leben）都是动词。——译注

据。但数学的实践并不是唯一的实践。我们的立场的实践目标乃是教育的目标——就教育一词的最广和最深的词义来说。它是一切真正的哲学的灵魂,是柏拉图和亚里士多德的真理。"(第42—43页)"您知道我关于一门作为科学的伦理学的可能性的看法。尽管如此,事情始终还可以做得更好些。这些书到底是为谁写的呀?可真是汗牛充栋!唯一值得注意的是从物理学到伦理学的冲动。"(第73页)"如果人们把哲学把握为生命之表达,而不是把它把握为一种无根思想的宣泄——它无根地显现,因为其目光离开了意识根基,那么,我们的任务就结果来说是紧凑的,一如结果的赢获那般错综复杂和辛苦累人。毫无先入之见乃是前提,这前提已经是难以赢获的了。"(第250页)

约克自己已经上路,面对存在者层面上的东西(视觉上的东西)而从范畴上把握历史学上的东西,并且把"生命"提升至适当的科学理解之中,这一点从他对这类探究的困难之性质的提示中即可明见:审美机械论的思想方式"比一种回溯到直观背后的分析,更容易找到词语表达,这是可以从词语广泛地来自视觉现象来加以说明的……与之相反,深入到生机之根基处的东西则逃避一种通俗的描述,从而一切术语都通常理解的、象征的和不可避免的。从哲学思维的特殊方式中得出其语言表达的特殊性。"(第70—71页)"但您知道我对悖论的偏爱,我为之所做的辩护是,悖论是真理的一个标志,在真理中肯定没有 communis opinio[公论],作为普遍化的一知半解的元素式积淀,它对于真理的关系就好像闪电留下的硫磺雾。真理从来都不是元素。政治教育的任务或许是瓦解元素式的公共意见,尽可能构成观看和注视的个体性。于是,取代一种所谓

的公共良知——这种彻底的外化,个体良知,也即良知本身,又会变得强大起来。"(第249—250页)

所以,在狄尔泰基本的问题提法中,包含着一种关于"历史学上的东西"的存在学的任务。唯在其中,"理解历史性"的意图才能得到实现。约克对于历史的理解同时也表明,这样一种存在学并不能取得一条关于历史科学及其客体的道路。而毋宁说,这种存在学的现象基础乃是在人类此在中被给予的。两位友人的存在学立场对于理解历史性的任务来说,究竟是否充分以及究竟有多充分——在这样一个批判性的问题之前,先要通过关于时间现象的积极揭示,把此在之存在机制发掘出来。

第二节　此在的源始存在特征[①]

对于那条使我们的探究得以通达时间的道路的先行勾画，我们可以通过关于两个事实的回忆来赢获：

其一，人类生活在其最日常的行为和无为中都是以时间为定向的。人类生活在自身中具有某种时间规定。它有自己的工作时间、吃饭时间、休息和消遣时间。时间规定在日历、行车时刻表、课程表中，作为打烊时间、八小时工作日，乃是一种固定的和公开的规定。周围世界的事件和自然的过程都"在时间中"。

其二，只要人类生活作为从事研究的生活去探究时间本身，为的是去查明时间是什么，那么，它就看到自己已经被指引到"灵魂"（Seele）和"精神"（Geist）那儿了。这种追问依然停留在"灵魂"和

[①] 探究方法乃是现象学的。现象学是在胡塞尔《逻辑研究》(*Logische Untersuchungen*)（1900/1901年）中首次获得突破的。我们这个"界定"是想指出，现象学只有根据借助于这本基本著作的训练才能得到理解。但现象学根本不是一种"技术"，它恰恰要求，探究方式总是根据实事本身而让自身先行给予。有关此点的理解，作者不但要感谢这本书，而且更要感谢胡塞尔本人对作者的透彻的个人指导；胡塞尔在弗莱堡大学教学期间，通过反复传授和最自由的出让未公开出版的探究，使作者熟悉了殊为不同的现象学研究的实事领域。——

本论著在表述上的笨拙，其原因部分地在于探究方式。叙述和报道存在者是一回事，在其存在中把握存在者是另一回事。常常不光是缺乏词语，而首要地是缺失语法。语言具有招呼和表达存在者，而不是对存在者之存在作出说明的原初趋向[(1)]。——原注

　[(1)] 柏拉图、亚里士多德。——作者边注

"精神"到底是不是"时间"这样的问题上面。关于时间的两本奠基性论著(除了柏罗丁①②的论著之外流传给我们的),即亚里士多德在《物理学》第四卷里的论述与奥古斯丁在《忏悔录》第十一卷里的论述,都指示着这一方向。亚里士多德写道: εἰ δὴ τὸ μὴ οἴεσθαι εἶναι χρόνον τότε συμβαίνει ἡμῖν, ὅταν μὴ ὁρίζωμεν μηδεμίαν μεταβολήν, ἀλλ' ἐν ἑνὶ καὶ ἀδιαιρέτῳ φαίνηται ἡ ψυχὴ μένειν, ὅταν δ' αἰσθώμεθα καὶ ὁρίσωμεν, τότε φαμὲν γεγονέναι χρόνον, φανερὸν ὅτι οὐκ ἔστιν ἄνευ κινήσεως καὶ μεταβολῆς χρόνος.[如果觉察不到两个现在之间的不同,也就会同样地认识不到那个居间时间的存在。因此,当我们还没有辨明任何变化,灵魂还显得是停留在单一而未分化的状态中时,我们就会不知道时间的存在,相反,当我们感觉到并且辨明了变化时,我们就会说时间已经过去了。因此显然,如若没有运动和变化,也就不会有时间。]③《物理学》[普朗特(Prantl)编]第四卷第 11 章,218 b29—219 a1。

καὶ γὰρ ἐὰν ᾖ σκότος καὶ μηδὲν διὰ τοῦ σώματος πάσχωμεν, κίνησις δέ τις ἐν τῇ ψυχῇ ἐνῇ, εὐθὺς ἅμα δοκεῖ τις γεγονέναι καὶ χρόνος.[尽管时间是模糊的,我们不能通过身体感受到,但是,如若某种运动在灵魂中发生,我们就会立即得知同时有某个时间过去

---

① 《九章集》(Enn.)三卷七章(III. Lib.7)。关于古代哲学的时间理论,进一步可参看辛普里丘(Simplicius):《论时间》(corrolarium de tempore),《古希腊的亚里士多德评注》(Commentaria in Aristotelem graeca),第 IX 卷(H. 第尔斯编),1882 年,第 773 页第 8 行—第 800 页第 25 行。——原注
② 柏罗丁(Plotinus, 204—270 年):又译"普罗提诺",新柏拉图主义学派创始人。著有《九章集》。——译注
③ 参看苗力田(主编),《亚里士多德全集》,第 2 卷,徐开来译,中国人民大学出版社,1997 年,第 116 页。——译注

第二节 此在的源始存在特征

了。]①《物理学》第四卷第 11 章，1.c.219 a4-6。

εἰ δὲ μηδὲν ἄλλο πέφυκεν ἀριθμεῖν ἢ ψυχὴ καὶ ψυχῆς νοῦς, ἀδύνατον εἶναι χρόνον ψυχῆς μὴ οὔσης, ἀλλ' ἢ τοῦτο ὅ ποτε ὄν ἐστιν ὁ χρόνος, οἷον εἰ ἐνδέχεται κίνησιν εἶναι ἄνευ ψυχῆς.[但是，如果除了灵魂和灵魂的理智之外，再无其他任何东西有计数的资格，那么，假若没有灵魂，也就不能有时间，而只有以时间为其属性的那个东西，即运动存在了。]② 1.c.14,223 a25-28。

奥古斯丁：In te, anime meus, tempora metior; noli mihi obstrepere: quod est, Noli tibi obstrepere turbis affectionum tuarum. In te, inquam, tempora metior; Affectionem quam res praetereuntes in te faciunt, et cum illae praeterierint manet, ipsam metior praesentem, non eas quae praeterierunt ut fieret: ipsam metior, cum tempora metior.[我的心灵啊，我是在你里面度量时间。不要否定我的话，事实是如此。也不要在印象的波浪之中否定你自己。我再说一次，我是在你里面度量时间。事物经过时，在你里面留下印象，事物过去而印象留着，我在度量现在的印象而不是度量促起印象而已经过去的实质；我度量时间的时候，是在度量印象。]③（《忏悔录》第 XI 卷第 27 章，第 36 节。[米涅（Migne）（编）：《拉丁教父全集》第 32 卷，第 823 页以下]）。

这两个事实表明：时间出现在人类此在中，人类此在承担时间之时间。"古典的"时间探究看到自己被引向"灵魂"和"精神"，"灵

---

① 参看苗力田（主编），《亚里士多德全集》，第 2 卷，第 116 页。——译注
② 参看苗力田（主编），《亚里士多德全集》，第 2 卷，第 129 页。——译注
③ 参看奥古斯丁：《忏悔录》，周士良译，商务印书馆，1987 年，第 255 页。——译注

魂"和"精神"构成了人类此在的"实体"。

下面的考察遵循这个双重的指引。因此,人类此在本身愈源始地在其存在特征方面得到了揭示,则我们就愈加能够把时间收入眼帘。时间分析在一种关于人类此在的存在学特征分析中为自己谋得基础。完全在术语上,下面我们将用"此在"来代替"人类此在"①。②

下面关于此在的存在学阐释并不要求成为唯一的此在解释。其意图在于达到能够使时间变得可见的此在之基本结构。每一种如此这般定向的尝试或早或晚都会碰到时间现象。

下面的分析要展露出此在的基本结构。此在说的是:在世界之中存在③。这一现象上的断定显突出三重要素:1."在世界之中"("in der Welt"),2. 在世界之中存在的存在者,3."在之中—存在"(das In-Sein)之为在之中—存在。于此,此在应当在其"通常状态"④

---

① 此处"此在"(Dasein)是德国古典哲学以来的术语,有"确定的存在、实际的存在、个体的存在"之义,近于"实存"(Existenz),但未必专指"人的此在"。海德格尔却用 Dasein 来特指"人的此在",故有此说。——译注

② 作者的一篇早期文章《历史科学中的时间概念》(*Der Zeitbegriff in der Geschichtswissenschaft*),载《哲学与哲学批评杂志》(*Philos. u. philos. Kritik*),第161卷(1916年),第173页以下(1915年授课资格讲座),忽略了弗里施艾森-柯勒(Frischeisen-Köhler)关于现代时间理论的批判性评论。参看《哲学年鉴》第一卷(1913年),第129页以下。此间出版了 G. 西美尔(G. Simmel):《历史学上的时间问题》(*Das Problem der historischen Zeit*)(康德协会出版的哲学演讲,第12个)1916年,以及 O. 斯宾格勒(Spengler):《西方的没落》(*Der Untergang des Abendlandes*),第一卷第二章,斯宾格勒接受了柏格森(Bergson)的时间理论,后者把时间(temps)与绵延(durée)形式上辩证地分派到量与质两个范畴上。——原注

③ 此处"在世界之中存在"原文为 In der Welt sein,在后来的《存在与时间》(*Sein und Zeit*)中被规定为此在(Dasein)的基本存在结构或整体现象。——译注

④ 此处"通常状态"原文为 Zunächst,英译本作 ordinary state。参看英译本,第

第二节　此在的源始存在特征

中得到现象上的把握——这种"通常状态"由于其不言自明性而总是受到忽视。这种对于存在特征之现象持存的首次采纳，为一种作为关照①和作为在可能性之中的存在(Sein in der Möglichkeit)的此在的阐释提供了充分的基础。②

1. 此在意味着：在一个世界之中存在(*in einer Welt sein*)。世界乃是此种存在的何所在(das Worin)。"在＝世界＝之中＝存在"③具有照料之特征。作为此在之存在的"何所在"，世界④乃是照料

---

13 页。——译注

① 我们在此以"关照"译动词 sorgen、动名词 das Sorgen 以及名词 die Sorge(似也可译为"烦忧")，以"照料"译 Besorgen 以及相应的动词，以"照顾"译 Fürsorgen 以及相应的动词。《存在与时间》中译本把 Sorge、Besorgen、Fürsorgen 依次译为"烦"、"烦忙"、"烦神"，修订译本则改译为"操心"、"操劳"、"操持"。我认为都有遗憾，尤其是"操心"一译甚至不如旧译。参看海德格尔：《存在与时间》，陈嘉映、王庆节译，三联书店，1987 年第一版；商务印书馆，2016 年修订第二版。——译注

② 在术语上，此在——共(此)在——周围世界——世界——世界自然(Weltnatur)
　　　　／共　此　在者(Mit *da* seiendes)
　　　　　　　在　在者｜（行为——照料：
　　　　　　　　　　　　共在的世界？）
　　　　这个世界中
　　　　共同存在！　　　　　　　　　　——作者边注

③ 此处"在＝世界＝之中＝存在"原文为 In=der=Welt=sein，作者一般书作 In—der—Welt—sein，但在此却使用了"等号"。——译注

④ 周围-性(das Um-hafte)
位置(Ort)
远——近
方向
可变性
（照料中的变化）
依然没有当前之物和在场状态
但也可区分——
周围世界——作为在时间中照面的

着的交道（Umgang）的"何所交"（Womit）。这种存在所是的（而绝不是所具有的）照料者，乃是常人自身[①]。此在明确地或者不明确地、本真地或者非本真地，向来都是我的此在。作为这样一个东西，此在总是处身于它的照料着的交道的某种可能性之中。最熟悉的方式有：忙着做什么、用什么干活、订置什么、置造什么、使用什么、保持什么、丢弃什么、获悉什么、观察什么、促成什么、从事什么、办理什么、放弃什么。各种相应的休息、无所事事的逗留（Verweilen）、闲散，同样也源自有所照料的交道。在这样一种照料于世的与世界交道中，世界与我们照面。交道性的在＝世界＝之中＝存在，本身对于世界来说是展开的（erschlossen）。作为展开的"在之中存在"（Insein），此在乃是世界照面的可能性。这种可能性之存在是由此在之存在一道规定的。在通常在场的交道世界（Umgangswelt）的存在中，显示出照面的特定特征。

　　对于一种各各在其区域里逗留的照料，世界性的东西（das Weltliche）（在世界中在场者）作为"对……有用"、"对……重要"、"对……有助益"的东西而照面。它于此照面于其场所（或者不在其场所）。举例说来，工具挂在其场所中，其中便包含着对其使用场所的指引。在这里现成的是一个未完成之物，工具对于处理和加工

　　　　　　　以及在其中展开的
　　　　　　　在第二节中
　　　　　　　从那里开始到第三节，历史性的世界以及
　　　　　　　　"发生"——（运动）。　　　　　　——作者边注

　① 此处"常人自身"原文为 man selbst，英译本作 oneself。参看英译本，第13页。此处"常人"（man）也可译为"人们"。参看海德格尔：《存在与时间》（修订第二版），商务印书馆，2016年。——译注

这个未完成之物来说是有用的。举例说来，人们从事自己的工作之际，在工作场地找到一把斧子，而以这把斧子，就有一种周遭联系一道被给予了：房子、庭院、树林、要砍伐的树、要劈开的木头、仓库、柴火、做饭、厨房、家务。这个世界性地在场的东西的范围有其固定的定向（Orientierung）以及本己的空间性。在照料的路径和过程中，场地和工作场所得到了勾连。"何处"（das "Wo"）说的是"挨着楼梯"、"在树林边"、"沿着小溪"、"在林中空地上方"。周围世界之空间与同质的空间以及相应的测量毫不相关。它出现在世界事物的"场地"（Plätze）中，出现在照料所采取的道路中。照料逗留于其中的周遭显示出亲熟性[①]的特征。照料碰到的是"总是已经如此这般的此"[②]。而且唯有在如此照面者的范围内，某种东西才可能突然作为障碍、干扰、突发之物挡在路上。交道碰到的这种陌异之物（das Fremde），恰恰只是由于日常在周围世界中照面者的未显突出来的亲熟性（不言自明性），才具有它的"此"（Da）的突出的纠缠特征（Aufdringlichkeitscharakter）。交道世界之"此"包含着这种陌异之物，后者突然地出现，偶然地发生，是每每"恰好异于人们所料"的东西。从这种被打破的亲熟性中，不言自明的"此"（Da）经历了一种对其未显突出来的可发现性（Vorfindlichkeit）的加固。赢得交道世界的最切近和最本真的存在特征，这一意图多半忽略了摆在眼前的照料世界被磨损掉的不言自明性，在探究之初就已

21

[①] "亲熟性"（Vertrautheit）也可译为"熟悉"，与之相对的是上下文中出现的"陌异之物、陌生性"（das Fremde）。——译注

[②] 此处"总是已经如此这般的此"德语原文为"das immer schon so und so Da"。——译注

经陷入某个客体的人为设想的实在性之中,而这个客体乃是某种孤立漂浮的感知行为的相关项。上面这种忽略不可能通过以某种价值特征来事后配备事物客体的方式而得到克服。但对这种忽略的避免就意味着赢获让最切近的周围世界照面的可能性。而这是关于日常的"在=世界=之中=存在"的存在学制订工作所要完成的。

除了亲熟性,周围世界也显示出显露(Vorschein)和现成在手状态[1]的存在特征。这两个存在特征表明自己为"世界"("Welt")即意蕴状态[2]的基本特征的结构要素。我们的考察工作始于一个在周围世界照面的东西及其"有用于……"(dienlich zu)的特征。但器具在其原处的最切近的在场存在方式建基于它以其有用性所指引的东西。其指引的何所向,在被显示的、以照料方式被表达的空间性中的周遭联系,乃是以"先行已经在此"(Vorweg schon da)的方式在场的。周遭作为一个向来被规定的、较狭隘的和较宽广的环境,人们总已经现身于其中了;这个周遭把通常照面之物带向显露。总是已经现成的周遭从自身而来,而且未显突地把周围世界的东西挤迫入对后者来说独特的照面方式(Begegnisart)中。最切近地照面者(das Nachstbegegnende)在其一道照面的"为此和对此"[3]中,并且出于"为此和对此"而上手存在。为此和对此于自身中包含着更宽广的指引联系,照料就在其中活动。交道之场所和道路的有所

---

[1] 此处"现成在手状态"(Vorhandenheit)或译为"现成性",英译本作 presentness。参看英译本,第 14 页。——译注

[2] 此处"意蕴状态"(Bedeutsamkeit)或译为"意蕴",英译本作 significance。参看英译本,第 14 页。——译注

[3] 此处"为此和对此"原文为(Dazu und Dafür),英译本作 for the sake of this or for the sake of that。参看英译本,第 15 页。——译注

第二节 此在的源始存在特征

定位的"从——到"(von—zu)构成世界之"周围"要素(das 'Um'-hafte)。总是已经现成的"周围"要素，比如作为房屋和庭院，于自身中包含着"在场"的何所向和何所在：土地、田野、森林、山与河，以及天空下的一切。这些日常现成之物的周围世界——而且这是在白昼的明亮中（或者在日光缺席时）——具有同一种照料世界的照面特征。周围世界在此存在，乃作为照料所预计的东西（太阳的在场、运行和消失，月亮的更替，天气），作为使照料得以防护自己的东西（建筑物），作为照料所利用的东西，作为照料用以制作的东西（木头、矿石），作为事务和交通的途径和手段（水、风）。在有所利用和使用的照料中，自然（Natur）照面了。自然是有利的或者不利的，本身甚至不需要最切近的照料方式。周围世界之自然的"总是＝已经＝在此＝存在"①显示在这种不需要制作状态中。甚至"自然"（Natur）的在场状态，按其最实在的现成在手状态，与照料所开启的独特的指引联系一道得到显露，而且首先决不是一种自然科学的理论把握的客体。所以，显露（Vorschein）意味着：最切近地照面者从先行已经在场的、熟悉的、在其现时性（Presenz）方面未显突的世界之周围性中浮现出来。最切近地照面者通过显露构成起来的存在方式乃是上手存在②。在上手存在的特征中对宁静的照料者来说熟悉的东西是可支配的。在如此被建基的可支配性之中，未显突地承荷着显露的现成在手存在（Vorhandensein）的特征才是可见

---

① 此处"总是＝已经＝在此＝存在"德语原文为：immer ＝ schon ＝ da ＝ sein。——译注

② 此处"上手存在"（Zuhandensein）英译本作 being ready-to-hand。参看英译本，第 23 页。——译注

的。周围世界（Umwelt）——就其在场状态的结构来发问——乃是由一种特有的指引联系来贯通和支配的。照料持守于其中，但并不认识这一指引联系本身。但很可能，照料精熟于其周围世界，在其中游刃有余。每一种照料皆由这种对向来本己的周围区域的精熟所引导；这种精熟服从有所照面的指引。显露所显明的东西在此变得更清晰了：有所照料的在＝世界＝之中＝存在的栖留（Verweilen）的最切近的何所寓（Wobei）并不是孤立地出现的事物，而是指引（Verweisungen）——有所照料的"为了……"（Um-zu）中的"从……到……"（Von-zu）。因此，这种指引蕴含着有所照面的世界的存在的源始结构。指引乃是世界之自行显示的照面的方式。指引（某物对某物有用，某物对某物重要，某物由某物制作出来）就是一种"意指"（Deuten auf），而且是这样，意指的何所向（Worauf）亦即"所指"（Be-deutetes）本身就在意指之中。这种有所意指的意蕴[①]原本指向照料之交道。这种有所照料的在＝世界＝之中＝存在，根据这种照面可能性而开启了世界。作为照料，它担任了这种周围世界的向导。意蕴（Bedeuten）乃是周围世界的照面方式。有所照料地沉浸于世界中，以及在世界中迷失自身，这两者可以说都被意蕴所携带。由此，世界照面的基本特征——即意蕴状态（Bedeutsamkeit）——便得到了凸显。

因此，"意指"（Deuten）并不表示，某个主体为先行仅仅物性地此在的自然物配备了并非这个存在者所固有的价值要素。相反：

[①] 此处"有所意指的意蕴"德语原文为：dieses deutende Bedeuten，其中分词"意指"（deutend）与名词"意蕴"（Bedeuten）有相同的词根 deut-。——译注

第二节 此在的源始存在特征

把意蕴状态凸显为世界之原初的存在特征，这应当为我们指明自然存在（Natursein）之存在特征的某个确定来源提供基础。所以，只有当得到正确引导的关于此在之存在的存在学上的制订工作使下面几点变得可理解时，意蕴状态才得到了完全阐明：a）为什么意蕴状态首先被存在学的研究所跳过了，而且一再地被跳过；b）为什么意蕴状态——只要有一种替代现象与有价值的自然物一道被引入——却被假定为需要说明和需要推导的；c）为什么意蕴状态要通过消解于某个先行的现实存在而得到说明；d）为何这种奠基性的存在要在自然物的存在被寻求。迄今为止，关于世界之存在特征的阐明都服务于一种最初的关于此在的存在学想象和松动，而这是着眼于此在的基本规定性"在＝世界＝之中＝存在"来进行的。

2. 作为"在＝世界＝之中＝存在"，此在同时也是杂然共在①。这并不是要确认，人们多半并不作为个体而出现，相反，还有他人现成地存在。"杂然共在"毋宁说意味着此在的一个与"在＝世界＝之中＝存在"同样源始的存在特征。即便没有一个他人实际地被招呼和感知，此在也处于这样一种规定性之中。只要"杂然共在"是与作为"在＝世界＝之中＝存在"的此在之基本特征同样源始的，那么，人们与之一道在世界中存在的他者，其最切近的"此"（Da）就必定可以从已经刻划过的周围世界（Umwelt）之照面方式中解读出来。那张桌子以其确定的位置指引着人们日常与之同桌者；在应用中照面的器具是在……买来的，是由……修缮的；这本书是……

---

① 此处"杂然共在"（miteinandersein）在字面上还不同于"共在"（Mitsein），但显然具有共同的意义指向。——译注

送的；角落里的这把雨伞是……忘在这儿的。人们在周围世界的交道中所照料的东西，作为某种东西与我们照面，这种东西当在他人面前如此这般表现出来，对他人有用，激发他们，超越他们。周围世界让那些最切近和亲熟的他人照面；在周围世界中所照料者，他人总是已经在此存在了，作为人们在照料之际与之相干的东西。

然则不光是他人，在常人从事、期待、预防的东西中，当常人照料着栖留之际，常人自身与自己照面。而且，这种从周围世界而来的自身照面，是在没有任何朝向自我的自身沉思或者关于"内在"体验和行为的反思性知觉的情况下实行的。通常而且多半从世界而来照面之际，他人作为共同世界（Mitwelt）而在此存在，常人自身作为自身世界（Seltbstwelt）而在此存在。在最切近的此在中，常人就是他人的世界，而且在他人中也是本己的世界。这种同样源始的共同世界的和自身世界的分环勾连①，必定作为世界性的分环勾连，根据世界的原初照面特征——意蕴状态——而变得可理解的，而且是这样，即在意蕴状态的基础上，"共同"（Mit）特征与"周围"（Um）得以突出地区分开来。"他人"在一种确定的关于周围世界的东西的指引的何所向中已然在此。例如，建造中的桥梁指引着这个和那个；岸边的船指引着它所归属的人。在这些周围世界的东西（桥梁、船）中共同照面的东西，在它的指引中在此存在的东西，现在不可能被称为持存（Bestehen）的"何所为"（Wozu）和"对此"（Dafür）或者何由（Woraus）。这是某种与照面者本身打交道的东

---

① 此处"分环勾连"（Artikulation）沿用《存在与时间》中译本的译法，日常含义为"清晰发音、表达"。——译注

西。周围世界的东西就是他人之交道的何所交(Womit),他人之栖留的何所寓(Wobei)。在周围世界中照面的是有所交道的照料,而且在这种照料中——通常只在这里——才有他人。甚至他人的"直接的"照面也是在周围世界中实行的。他们与常人照面,在工作的房间里,在大街上,在上班和下班的路上,在照料中或者在无所作为的闲荡中。周围世界让在照料之原初存在方式中的他人的在=世界=之中=存在(In=ihr=sein)在此存在,他人及其"在之中存在"(Insein)与我的"在=世界=之中=存在"相照面。这种照面——通常而且多半通过周围世界——乃是必须与杂然共同(Miteinander)相干,是杂然=相互=依赖①或者相互=毫不=相关②,算计他人——指望他人。这种已然处于有所照料的在=世界=之中=存在中的他人之"共同"(Mit),具有相互支持和相互反对或者冷漠的相互并列行进的可能性。即便在他人被当作工具来利用之际,指引亦然,即他人——在对他人的算计中——也作为照料之际照面。

只有当世界之原初的存在特征在意蕴状态意义上得到理解之时,他人在他们所照料的东西中最切近的"已经=在此=存在"(Schon=da=sein)才能真正成为可见的。人们在其中自己照面的东西,并不是作为自然物(Naturdinge)出现的联系的世界,而是人们在其中有所照料地逗留的世界。关于此在通常和多半是谁的问题,我们此前的阐明已经不甚明确地给出了答案。适合于最切近的此在之现象实情的"常人"(man)这一表达给出了关于"谁"(wer)之

---

① 此处"杂然=相互=依赖"原文为 Aufeinander=angewiesen=sein。——译注
② 此处"相互=毫不=相关"原文为 Einander=nichts=angehen。——译注

问题的答案。常人照料，常人行事，常人享受，常人观看，常人判断，常人追问。常人在杂然共在的最切近的周围世界中存在。

杂然共在（Miteinandersein）说的是：在共同照料的周围世界中照面。照面方式是多样的：但"他人"始终在一定界限内是熟悉的和可理解的。他们的在之中存在（Insein）已然向本己的在＝世界＝之中＝存在开启了，因而是对他人的在之中存在而言的向来本己的在之中存在。在最切近的照料中，每个人多半都是他所从事的东西。他并不居有自己——他是非本真的。① 每个人首先在日常状态中与他人一道是同样非本真的。在这种非本真状态（Uneigentlichkeit）中，"常人"（man）对他人来说是展开的（erschlossen）。他们并不是通常仿佛自为地包裹起来的"主体"（Subjekte），事后不得不踏上一条相互间的桥。② 这样一个前提很少触及此在的源始的存在之持存（Seinsbestand），就如同那个意见，即认为：世界可以说是"从外部"被带给此在的，作为某种东西，此在首先要把自身置于其中，通过某种延伸到那儿的认识才能首次达到这种东西。

"常人"乃是日常的杂然共在的主体。于此得到维持的常人与他人的区别活动于某种确定的平均状态（Durchschnittlichkeit）范围内，也即习俗所是的东西，适当的东西，人们让其起作用或者不起作用的东西。这种磨损了的平均状态可以说无声地控制着每一个

---

① 中译文未充分显示"居有自己"（sich zu eigen）与"非本真"（uneigentlich）之间的字面和意义联系。——译注

② 参看舍勒（M. Scheler）在《同情感的现象学和理论》（*Zur Phänomenologie und Theorie der Sympathiegefühle*）（1913 年，附录，第 118 页以下）中的论证。——原注

第二节　此在的源始存在特征

特例和每一种源始性,它贯穿并且支配着"常人"(Man)①。在这种"常人"中生长着此在,而且越来越多地生长入其中,决不能完全弃之不顾了。

"常人"(Man)的平均状态实施这种作为公众状态的平整化。公众状态规整着诉求和需要,限定着此在阐释(Daseinsauslegung)的方式和范围,以及追问的可能性。公众状态多半保持着正确性,不是因为熟悉和源始的居有(Aneignung),而是由于它并不探讨实事,对水平差异麻木不仁。它产生于源始的决断,总是已经为人们做了选择。公众状态迎合于此在的一种倾向:满不在乎和轻率行事(Leichtmehmen und Leichtmachen)。因此,公众状态保持着自己的统治地位的顽固性。每个人都是他人,没有人是他自己。"常人"就是"无人"②,是日常此在从其自身而来所托付的"无人"。

如果公众状态的一种原初的存在方式即语言(Sprache)得以突现,那么,每一个此在所是的"常人"便变得更清晰了。但在这方面,语言必须根据其完全的现象上的持存,作为此在之存在方式而被回收入此在之中。

言说乃是关于某物的言谈③,而且,在言说中被谈及的东西一道变得可敞开(offenbar)了。被认识只是一种敞开方式,而且就其理论的实行方式而言,甚至都不是一种源始的敞开方式。"关于……的言谈"意味着:关于某物道说什么。但是,道说什么的言谈是对他人和

---

① 海德格尔在此把"常人"(Man)一词第一个字母大写了。——译注
② 此处"无人"原文为Niemand,英译本作nobody。参看英译本,第21页。——译注
③ 此句中的"言说"(Sprechen)与"言谈"(Reden)实无根本差别。——译注

与他人的言说。而且，与他人关于某物的言谈作为言说乃是自我表达(Sichaussprechen)。常人自身，也即各个在＝世界＝之中＝存在，在言说中一道变得可敞开了。这一同样源始的特性之发现使得言说作为一种杂然共同＝在＝世界＝之中＝存在的一个基本方式而变成可见的了。

随着这种得到完全断定的言说，相互＝倾听(Aufeinander=hören)被给予了。以相互＝言谈的方式，此在就是：相互倾听(归属)①。这种归属性(Zugehörigkeit)同时也规定了杂然共在的意义。对音调的把握和对声音的觉知，表明自身为孤立的、人为形成的极端可能性，即在相互＝倾听意义上的原初的相互理解的倾听的极端可能性。而且这种相互＝倾听乃是：应允某事(Folge leisten)，在对周围世界的照料中：共同照料(mitbesorgen)。倾听言谈(Redenhören)从来不是首先对那些事后会被追加含义的音调的感觉。即使在言谈不清楚或者语言陌生的地方，人们也不是首先听到纯然的声音，而是听到一些不可理解的话语。在其存在中原初地由语言所规定的言说存在(Sprechendsein)乃是：能够言谈(reden können)。这里也包含着沉默的可能性。唯有在能够言谈中具有自己的存在的，才能够在本真意义上沉默。

"对某物无话可说"（放任某人做某事）、对他人"说某事"、"让自己说些什么（什么也不说）"、"自言自语"，此类说法显示出语言的最日常的存在方式。据此看来，语言原初地并不是认识之中

---

① 此处"相互倾听（归属）"原文为：aufeinander hörend(zugehörig)，海德格尔经常强调德语中"倾听"(hören)与"归属"(zugehörig)之间的字面和意义联系。——译注

介（Erkenntnisvermittelung）。而同时，必须避免出于实用技术的意图，把语言解说为一种单纯的沟通工具和交流工具。而毋宁说，共同=言谈乃是杂然共同=在=世界=之中=存在①的基本方式。谈论某事，"在某件事上"进行劝说和协议，具有与他人一道消融（Aufgehen）于所谈论者之中的特征。在其意蕴状态中受到照料的周围世界，作为在照料中被谈论的东西，绝不是言谈者甚或言谈，乃是明确地当前的。而且，只有借助于"处于言谈中的东西"，倾听和言谈的他们才在此存在。在日常言谈中，语言的被显突的、同样源始的存在要素多半不是同样明确的。而毋宁说，一方（"与"人言谈和自我表达）的隐藏和退却在另一方（言谈之对象和内容）的显露中规定了此在的一种独特的存在方式。②

言谈者之消融于所谈论者之中，这也并不就能保证对处于言谈中的实事的源始居有。而毋宁说，日常生活中的言说都是在没有源始地居有言谈之"对象"（Worüber）的情况下完成的。关于某物所言说的什么（*was*）——被道说者——是基于（报纸的）道听途说（Hörensagen）而被言说、被传布、被浏览的，并且是以这种毫无根基的方式"被胡说八道"（daher geredet）的。在有所照料的交道之共同存在中的言谈（日常语言），是在一种无根的非本真状态中进行的。一度源始地被说出来的东西在周围世界中运行；传布者在倾听中赢获一种对于日常生活来说足够和有效的理解，而没有对之作先行的、源始的辨析。而且，传布者向他人进一步言谈的东西产生了

---

① 德语原文为：Miteinander=seins=in=der=Welt，可简译为"杂然共同在世"。——译注

② 参看下文第41页。——编注

闲谈(Gerede)。

　　闲谈乃是日常生活中语言的某种特定存在方式。在闲谈中，"常人"(Man)有其最切近和最本真的逗留。最切近的共同存在是受闲谈引导的，是从闲谈而来获得经历的。"常人"的顽固统治地位的可能性就建立在闲谈之中。在"常人"中"无人"在此[1]。这种言谈(Rede)由于缺乏对其当下各个"言谈之对象"的源始居有而突显出来，它可以在所谓的话语思考(Wortdenken)中——这种话语思考已经把自己交付给确定的词语概念的强力了——也可以在科学中，广泛地支配和准许对于各种难题的处理。无根的此在在语言中——因为语言是在＝世界＝之中＝存在的一个基本方式——滑移，并且在"常人"的公众状态中确保了自己的声望和效益。在日常言谈的把握中出现一些含义(Bedeutungen)的不确定性和空洞状况，这些含义在此并没有被承认为含义。被言说者以及在其中被定向的言谈的这样一种被抽空了的存在方式，并不能诱使我们首先把语言当作音调、声音；含义的不确定性乃是一种确定性，而且是日常生活中被磨损了的言谈之漠然无殊的可理解性的确定性。因为语言构成在＝世界＝之中＝存在的基本方式，所以，这种言谈乃是一种特定的在世界中逗留的方式。

　　如果把在＝世界＝之中＝存在的源始事实设为语言之解释的基础，如果言谈及其可能性要根据此在之存在可能性来得到理解，那么，关于语言之"本质"(Wesen)问题的不同回答就可能获

---

[1] 此句中的"常人"(Man)与"无人"(Niemand)之关系，英译本分别译作 One 与 nobody。参看英译本，第22页。——译注

得其合法性。把语言解释为符号、经验和认识的表达、"体验"的告示、传达、塑造，此类解释都有某种现象学上的语言持存内容作为合法性基础，而这种持存内容本身又没有相应地被居有和被制订。所以，恰恰着眼于此在最切近的存在方式来看，语言乃是传达（Mitteilung）。只不过在这里，传达还不能被理解为中介作用（Vermittlung）——仿佛是把知识从一个主体传输到另一个主体那儿。作为杂然共同谈话，传达乃是"常人"与他人"分享"和拥有被照料的世界的方式。这种世界之拥有（Haben der Welt）说的是：在照料之际消融于世界之中。传达意味着：把他人，以及自己与他人一道，带入这样一种在＝世界＝之中＝存在，并且停留于其中。[①]与此种传达相应的是参与（Teilnahme）。

3. 到现在为止，借着对"在＝世界＝之中＝存在"的基本特征的突显，我们已经揭示了两点：一方面，"世界"乃是照料着的交道的何所交（Womit），另一方面，"常人"乃是在其照料的最切近的日常状态中的此在之存在者。在此，"在之中存在"（Insein）之为"在之中存在"——尽管并不是就其自身而言——必须一道被谈论。"在之中存在"被显示为照料（Besorgen）。可是，唯有对"在之中存在"本身之存在特征的阐明才能通达此在之源始的存在机制[②]。存

[①] 希腊人前科学的此在解释把人之此在置于能够言谈（Reden-können）中：ἄνθρωπος=ζῷον λόγον ἔχον［人＝具有逻各斯的动物、会说话的动物］，这个规定起源于日常此在的经验，特别是希腊人的日常此在的经验。后来的 animal rationale［理性动物］＝理性动物恰好掩盖了源始地被经验的事实。而且，希腊人把语言观挤压到一种由逻辑学所规定的语法中了，这一点又是建立在他们有所言说的在—世界—之中—存在（In-der-Welt-Sein）的某种特定方式基础上的。——原注

[②] 现有《存在与时间》中译本也把这里出现的"存在机制"（Seinsverfassung）译为"存在法相"。——译注

在在其基本结构中作为关照(Sorge)变成可提显的(abhebbar)。照料展开自身为这种存在最切近的存在方式。"在之中存在"呈现为所照料的世界的"寓于……存在"(Sein bei)。"寓于……存在"显示自身为与世界的亲熟状态，这个世界未经显突地作为周围＝世界（Um＝Welt）、共同＝世界（Mit＝Welt）和自身＝世界（Selbst＝welt）而照面。亲熟状态于自身中包含着：信赖这个世界，在订置、养护、利用和支配中毫无怀疑地委身于世界。这种委身＝于＝这个＝世界包括对这个世界的熟悉。熟悉的委身＝于＝这个＝世界把最切近的在之中存在刻划为在世界中的"在家"存在[①]。与这种得到阐明的"周围"(Um)以及在其中被给予的源始空间性的原初意义相应，"在之中存在"的"在之中"(In)[②]说的就是这种"在家"存在[③]。"在之中存在"自为地形成了一种最切近的和多半狭隘的可能性，即未受威胁的、在其中满怀信心地照料着的栖留(Verweilen)的可能性。在熟悉(Sich＝aus＝kennen)中，它为自己确保了一个固定的定向(Orientierung)。这种如此确定的"寓于……存在"(Sein bei)构成

---

① 此处"'在家'存在"德语原文为："zu Hause"-Sein。英译本作 being 'at home'。——译注

② 此处"在之中"用的是德语介词 in(在……中)，海德格尔把它大写为：das "In"，我们勉强把它译为"在之中"；"在之中存在"原文为 Insein，似也可简译为"在之中"。——译注

③ 参看雅各布·格林(Jacob Grimm)：《短篇著作集》(*Kleinere Schriften*)第七卷(1884年)，第247页以下，关于"在……之中"(in)和"在……之旁，寓于……"(bei)。据此，"在……之中"(in)来自 innan＝居住、habitare［居住］；ann＝我住过、我习惯了，我习惯于；拉丁语的 colo［居住、存在］＝habito［定居、逗留］和 diligo［重视、敬爱］。类似地，在"我是"(bin)与"在……之旁"(bei)之间存在着某种联系：我是(ich bin)＝我居住(ich wohne)。——原注

第二节 此在的源始存在特征

了世界之让照面①。世界之让照面并不是此在的某种任意的、可或缺的特性。而毋宁说,"在之中存在"的这个存在特性说的是:把世界保持在一种当下被限定的展开状态(Erschlossenheit)之中。在＝世界＝之中＝存在乃作为本身而"展开"(erschließen)。而且,这绝不是以理论把握的实行方式。这种理论把握首先植根于一种先行的世界之展开状态。

关照着的"在之中存在"必须被理解为此在对其世界的依赖状态。这种依赖状态预先已经朝着世界的"为了……"(um-zu)展开了它的世界。例如,木头最初在生火、造船等的"为了……"中照面。在这样一种"为了……"照面之际,木头"是"(ist)②太硬了、太软了、太湿了、太重了。着眼于其有用性的多或少,它被看作这个和那个。作为依赖状态,此在萦绕着周围世界的此类指引,让自己在其处置、计算等等的实行中为这些指引所规定。世界的可变性——周围世界的实事和事件的当下各个可支配性或者可避免性[来自"避免"(entgehen)]即植根于此——变成在计算中可通达的。对已展开的世界的居有和保存实行于此在中,此在通过能够言谈而得到规定,被规定为一种对照面着的世界的称呼和谈论。实行方式乃是对某物之为某物的称呼(Ansprechen)。这样一来,"为了……"(Um-zu)就在其指引之多样性得以突显。此种谈论(Besprechen)还完全没有孤立于一种对质朴地被感知的事态的单纯确定。它依然完全效力于对周围世界的有所照料的展开和保存。在此种有所

---

① 原文为 Begegnenlassen der Welt,或可译为"让世界照面"。——译注
② 此处"是"(ist)在汉语习惯用法中理当省略,不必译出。此为无系词传统的汉语表达的特性。——译注

居有的谈话中,"在之中存在"得以表露自己,并且为自己给出定向。借着这个被招呼的周围世界,"在之中存在"达乎表露,因此达到可支配的理解。此在的有所照料的展开,也即原初的认识,乃是阐释(*Auslegung*)。即便那个在其"为了……"中依然未展开,因而在其"作为这个"(Als-das)中尚未居有的东西,也是以阐释的方式被招呼的。陌异之物(das Fremde)并非只是现成之物,以及——作为这种东西——某种固定的对象,而倒是那个常人通常无法着手做的东西。所以,陌异之物是在有所照料的展开之境域中照面的,而且,陌异之物是什么的问题,乃是关于何所为(Wozu)的阐释性追问。阐释性的答案揭示了一种指引(合适的——对……有阻碍);此前陌异之物进入有所照料的交道的可理解状态和熟知状态之中了。因此,熟悉(Sichauskennen)就是拥有当下各自的、由照料之领域限定的被阐释状态(*Ausgelegt*heit)。只消"在之中存在"(Insein)被规定为共同存在,则被阐释状态就从他人的证实中获得了一种加强;这种证实是建立在日常交道的重演①基础上的。

然而,借助于"寓于"世界的逗留(作为有所阐释的依赖状态),"在之中存在"不仅没有完全地得到规定,而且首要地也没有源始地得到规定。有所谈论的阐释作为自身表露指示着"在之中存在";而"在之中存在"建立在一种当下的处身(*Sichbefinden*)基础之上。这种展开着的对世界的依赖状态,必须同时被理解为一种被世界——世界的贡献或威胁特性——所关涉的状态

---

① 此处"重演"(Wiederholung)在海德格尔的《存在与时间》中成了一个主题。——译注

（Angegangensein）。

有所照料的交道可能在不受干扰的处置、安宁的使用、漠然无殊的完成中得到实行。这样一种处身的无差别状态只不过是日常此在的一种最切近的方式。它经常地、同样也轻易地被不安、激动、恐惧、希望所取代。"在之中存在"处身于这样一种兴致勃勃或者扫兴沮丧的状态中。处身以自己的方式——而且这是最源始的和最切近的方式——让"在之中存在"为它自身而"在此"（da）存在。"在之中存在"的对它自身而言的"在此"存在（"da"-Sein），表明自身为此在的一个基本特征:处身情态①。在处身情态中，此在为其自身而被揭示，而且总是按照它各自的在＝世界＝之中＝存在。在交道之通常性中（im Zunächst des Umgangs），自身（das Selbst）在常人所从事的事情中照面。而且，自身就在"如人们在此感觉"②之中在此存在。处身情态既不是内在体验的经验，也不能被解释为理论把握。而理论把握无非意味着一种对处身情态及其作为被调谐状态（Gestimmtsein）的揭示功效的损害。处身情态恰恰把此在完全的、当下的形势（Lage）保持于此（Da）之中，尽管此在的透明性在此是各不相同的。此在的透明性始终从根本上不同于一种理论把握的透明性，决不能以这样一种自明性（Evidenz）来加以衡量。自身情态不仅不是一种理论上有所觉知的"指向"，根本上它缺乏这种"指向"的结构要素。处身情态乃是"在之中存在"之形势的当下时机。

---

① 现有《存在与时间》中译本把这里的"处身情态"（Befindlichkeit）译为"现身情态"。英译本作 the state one finds oneself in。参看英译本，第 26 页。——译注

② 德语原文为: wie einem dabei zumute ist, 其中 einem 为 man（人们、常人）的第三格。——译注

它明确地构成此在处身于其中的那个"此"。具有此在之特性的存在者就是它的此(*Da*),这一点同时意味着:此在乃是世界之"已经展开"(Erschlossenhaben)的存在可能性。此在身上两个现象事实:1. 此在是它的"此", 2. 此在让世界作为展开的世界而照面——也就是此在本身具有"在之中存在"的特征,这两个现象事实公开了此在的一个更广大的基本机制:被揭示状态(*Entdecktheit*)。

由此,"在之中存在"才赢得了它全部的规定性。"在家"(zuhausesein)的自然含义并不是指:出现在自己家里,就像工具一样站着;"在家"也不是说:知道自己在家,也就是如此这般出现是自为地可察觉的——而是:感受到自己在家。"在之中存在"意味着存在,此在就处身于其中——作为照料之栖留的向来确定的可能性。

被人们当作情绪(Affekte)来认识的东西,被人们当作体验和能力的第二和第三等级来安排的东西,以及被人们钉在认识或者意志行为上的东西,或者也包括被人们解释为"关于……的意见"的东西,凡此种种,都必须根据作为处身情态的被揭示状态来得到理解。关于情绪的分析需要从此在对其存在的研究中找到一个原初的、坚持到底的方向。

然而,被揭示状态——在这里只有从"在之中存在"的回行中才得以显明——应当作为此在在其日常状态中的存在特征而收入眼帘。

只消被揭示状态构成此在的一个存在式的基本机制,那么它就必须在先前的突显(Abhebungen)中成为课题。它只是尚未作为这样一个东西而得到解释。公众状态(Öffentlichkeit)的独特现象乃是被揭示状态的日常存在方式。公众状态不可见地和顽固地规整着共同＝在＝世界＝之中＝存在的诉求和需要。它在闲谈中获得了自己的统治地位。闲谈平均地谈论世界；此在本身在这种言说中表露自己。但现在，闲谈能够被理解为阐释的保存方式。在闲谈中，阐释自由地浮动，它属于所有人又并非出自任何人。在闲谈中，阐释僵化为被阐释状态（Ausgelegtheit）。经由诞生（Geburt）而"问世"的此在在这样一种被阐释状态中生长起来，并且进入这种被阐释状态之中。被阐释状态本身带有此在的自身阐释。它预先勾勒出"什么对常人是适合的"、"常人要如何表现自己"、"常人在当下形势中如何不得不表现自己"等。被阐释状态乃是对言说和谈论的东西的传达；对这种被阐释状态的参与是一种在世界之各个被关涉状态中对被调谐状态的参加。公众状态于自身中保存着对某种特定的让世界照面的指引，同样地也保存着对某种通常的此在之处身情态的指引。关于公开的"在之中存在"以及公开的处身状态的规定变成了对被揭示状态之最切近存在方式的指明。

  作为阐释的保存方式，闲谈维持着阐释的基本结构。阐释就是对某物之为某物的有所照料的招呼。根据其意义和诉求，表露（Aussprechen）就是以阐释方式有所展开。被言说和被重复说出的东西就是对阐释的传达。重复说话（Nachsprechen）道出句子，并且是在一种与之相称的平均状态中道出这些句子的。重复说话免除了一种向言说对象的回溯。对重复说话而言，所道出的东西就足够了，哪怕言谈所及的东西情况不同——已经变化了。但这种毫无根基的被道出状态却足以颠倒阐释以及向来包含于其中的自身阐释及其成果（被揭示状态之形成）。因为阐释把某物在其"作为这个"

（als das）中提供出来，所以，它就可能在闲谈之存在传达方式中，仅只通过被传话状态，把通过它据说应该变得可敞开的东西掩盖起来。在此还根本不需要一种欺骗的意图——把某物假装为某物（它其实并不是这个）。无根的重复说话其实是有所传达的。被道出状态使某个观点传播开来，而且这样一来，公众状态便会固执于此，由此从一开始就规定了所有进一步的谈论和询问。闲谈是具有掩盖作用的，只是基于它特有的对源始招呼的放弃和中止。对于世界及其事件的真正外观，闲谈推出一个起支配作用的观点。依据其在此在日常状态中的支配方式，乃至于表面看来本真的追问和研究，闲谈使此在远离于源始的阐释和辨析。此时所谓的对世界的展开乃是一种掩盖，而且是这样，即闲谈通过援引公众状态和传统，使此在相信对于得到普遍承认的、因而真正的真理的占有。阐释是对"在之中存在"的居有和构成。"在之中存在"（被揭示状态）首先和多半具有掩盖之存在方式。在闲谈中仿佛被硬化了的被阐释状态把各个此在牵扯入"常人"的存在方式中。但现在，"常人"身上的存在却表明自身为对本真自身（Selbst）的掩盖和排挤。各个此在不光是把自己交给了"常人"，而且阻碍了它自身的处身情态。

在公众状态中——作为被揭示状态最切近的存在方式——此在既不生活在源始地被占有的世界里，此在也不是它自身。不过，只是因为此在拥有被揭示状态的基本机制（建基于处身情态中的"在之中存在"），它才能够维护掩盖之存在方式。

阐释是原初的认识。在其中，照料之周围世界在其指引（展开状态）的突显状态中得到了居有。认识（Erkennen）乃是"在之中存在"的一种基本方式。作为这样一个东西，认识保持在言说和一种各自的处身情态中。一切觉知(看、听)都是具有阐释作用的。在阐释性的觉知和定向状态中,此在获得自己的视见(Sicht)。在这里,看(Sehen)——基于它在觉知中的优先地位——是在较广大的意义上被理解的。有所照料的交道的视见作为寻视(Umsicht)为"在之中存在"展开出它最切近的世界。寻视的照料给出它在某物那儿的开端、它的处置——轨道以及所有置办行为的手段、合适的时机、适当的时间。即便在照面着的世界(例如作为天空)逃逸于制作和使用的交道之处,照料作为寻视的观看(Hinsehen)也把它预计在内了。太阳和月亮在日历中得到了考虑,而星辰则在航海中得到了考虑。

休息是照料的一种存在方式。如果照料作为置办行为的休息空闲下来了,那么,照料其实还是一种"在之中存在"。放弃了处置,寻视就成了单纯的有所观看的寓于……而栖留。在休息中,照料着的"在之中存在"从对寻视地先行推动的、确定的处境的关注中撤了回来。此前在寻视中受约束的看为一种对世界的单纯感知和在此＝拥有(Da=haben)开放了。栖留消散于自己的世界。在这样一种观看的照料中,好奇[①](curiositas,cura)[②]之关照(Sorge)变成独立

[①] 关于"好奇"(Neugier)以及"看"的优先地位,可参看海德格尔:《存在与时间》(修订第二版),商务印书馆,2016年,第241页以下。——译注

[②] 关于作为 cupiditas experiendi[经验的欲望](concupiscentia oculorum[目欲、眼睛的欲望])的 curiositas[好奇]以及观看(Sehen)的优先地位,参看奥古斯丁: Ad oculos enim proprie videre pertinet. Utimur autem hoc verbo etiam in caeteris sensibus, cum eos ad cognoscendum intendimus. Neque enim dicimus, Audi quid rutilet; aut Olfac quam niteat; aut, Gusta quam splendeat; aut, Palpa quam fulgeat: videri enim dicuntur haec omnia. Dicimus autem non solum, Vide quid luceat, quod soli oculi sentire possunt; sed etiam, Vide quid sonnet; vide quid oleat; vide quid sapiat; vide quam durum

的。栖留着的对世界的观审首先只是寻视的变异。在寻视中展开的世界对观看来说总是已经在此。只不过，现在照料着的"在之中存在"不再在处置之际跟随"为了……"（Um-zu）的指引，而是仅仅根据其"作为什么"（Als was）来观察在其中照面的世界（意蕴状态）。虽然好奇之观看恰恰并不寓于从寻视而来已然亲熟的东西。超出日常的范围，好奇照料着依然陌异、新鲜的东西的展开，而且是这样，即它也不想栖于现在可通达的已经生成的东西那里，而是借助于这种东西，仅仅从事对于经验新鲜东西的进一步可能性的构成。好奇消融于世界之外观（εἶδος [爱多斯、外观]）中，这种消融（Aufgehen）揭示自身为一种"让自己被世界带走"。作为预先得到确保、不受迫切性和急难干扰的东西，好奇把自己带入一种虽然毫无危险、但也并非负有责任的激动之关照（Sorge der Aufregung）中。由好奇所决定的"在之中存在"通过"让自己被世界带走"而变得无处不在又无处在。这种在世界中失了居留的栖留把消散（Zerstreuung）刻划为此在之存在方式。仅仅为了看和已经看到之故，看的好奇照料把此在逐入一种不断增长的纠缠（Verstrickung）

---

sit. Ideoque generalis experientia sensuum concupiscentia, sicut dictum est, oculorum vocatur; quia videndi officium in quo primatum oculi tenent, etiam caeteri sensus sibi de similitudine usurpant, cum aliquid cognitionis explorant.［"看"，本是眼睛的专职，但对于其他器官，如我们要认识什么，也同样用"看"字。我们不说："听听这东西怎样发光"，"嗅嗅这东西多么光亮"，"尝尝这东西多么漂亮"，"摸摸这东西多么耀眼"。但对这一切都能通用"看"字。我们不仅能说："看看什么在发光"，这仅有眼睛能看到；但也能说："去看看什么在响"，"看看什么在发出香味"，"看看这有什么滋味"，"看看这东西硬不硬"。因此，从器官得来的一般感觉都名为"目欲"，看的职务主要属于眼睛，其他器官要探索或需认识一样东西时，因性质类似，所以也袭用"看"一字。》《忏悔录》（Confessiones）第 X 卷，第 25 章，1.c. 第 802 页下。［参看奥古斯丁:《忏悔录》，商务印书馆，1987 年，第 219—220 页。——译者］。——原注

第二节 此在的源始存在特征

之中。全部的追问和阐释视角都是从这里发起来的。甚至在此在谈论它自身的地方，它说的也是世界之语言（die Sprache der Welt）——它已经迷失于世界之外观中了。所以，在好奇中，此在从它自身那儿逃遁了。在好奇中，此在封闭自己，向辩析、义务、投身、选择的可能处境封闭自己。在这种逃遁中，此在在闲谈中找到了自己的寄宿之所；公众状态规定和批准，"人们必定已经看到和读到了什么"，它培育新的看之需求，为之发明相应的满足方式。但在公众状态的保护下，好奇却更多地为掩盖效力。

然而，只要好奇在一定界限内把世界展开出来，那么，变得如此可通达的世界之外观就可能被把握为一种探索性的观看的基础。在这种对实事的探究（den-Sachen-Nachgehen）中包含着一种研究之构成的可能性。这种可能性在展开的世界中把一个探索领域提显出来；这个得到提显的领域被切分为实事区域（Sachgebiet）。研究（*Forschung*）是"在＝世界＝之中＝存在"的一种特定方式。所以，如果认识原初地被理解为此在本身的一种存在可能性，那么，它——如果它要赢获自己的本真性——就决不可能作为不言自明的所有物落在此在身上。而毋宁说，针对公众状态之掩盖风险和通常的被阐释状态的统治地位，此在必须总是首先和每每一再地通过批判来获得源始经验的各种正确可能性。

在各门科学中，此在之被揭示状态把自身纳入使命之中。各门科学生长于此在最切近的被阐释状态之中，并且重又落入这样一种被阐释状态之中——在各门科学的结果中。从前源始地展开的东西进入固定概念和命题的保存方式中。真理漂浮起来，成了"有效性"（Gültigkeit）。对普遍有效之物的占有导致一种在对源始的、给予根基的存在联系的回溯追问方面的无需要状态。关于命题之有效性的支配性信念代替了对开辟通道和原初地居有的经验的重演。公开的被阐释状态也压制和折磨各门科学的历史。漂浮不定的、有效的命题变成了新理论的开端，这些新理论保持了一个由问题和问题可能性——难题本身——组成的交互循环。

对传统的此在被阐释状态的掩盖倾向包含在此在本己的最切近的存在方式中。只要此在通过把对自身的阐释当作使命来形成自己的研究，那么这些研究——作为此在的存在方式——就必定最容易被交付给被阐释状态和掩盖的统治地位。精神史（Geistesgeschichte）和哲学乃是已经或多或少明确地把此在设为课题的研究方式。

一个时代可以把"历史意识"当作使这个时代彰显出来的自身阐释之可能性来要求。甚至在最遥远、最陌生文化的多样性外观的渗透中，"历史意识"也在产生作用。这样一种进入"世界"历史之中的"让自己携带"（Sichmitnehmenlassen）——没有任何东西是对之锁闭的——通过类型化和类型档案而为自己确保了自己的所有物。可是，一个时代看待过去的方式乃是与之相配的考察方式的标准。当前[①]本身隶属于分类、比较的类型化。哲学以其体系和辩证法，为文化产物、价值和理性区域的可能秩序和类型奠定基础。没有任何东西能规避类型化档案。把……安置入某个类型中，这就使认识达到了它的目标。对于这种致力于表达、形态和形态体系的认识的操心和关照（Sorge），乃是一种对它自身来说被掩盖的好奇。

[①] 此处"当前"（Gegenwart）或应译为"当代"。——译注

(这个断言并没有任何轻蔑评价的意义；它只是要把这种认识的存在方式——作为"在之中存在"的一种方式——提显出来。)尽管对于前述的研究可能性而言，关于"人性"的阐释是要求和目标所在，但这个课题本身——即在其存在中的此在——根本没有得到追问，或者说只是偶尔得到追问，而且是在一个完善体系的境域里或者是以一种关于人（animal rationale［理性动物］）的肤浅定义为引线得到追问的。在此在本身得到课题化研究之处，比如在"生命哲学"中（"生命哲学"就像"关于植物的植物学"一样，只具有预备性的意义，因为这种不言自明性被遗忘了），这种展开主要采取的方向是生命之表达可能性的形态多样性，正如生命在各种文化中得到表达的那样。然而，只要在其存在中或者作为"存在"的生命本身成了课题，那么，解释工作就是以从世界或者世界自然（Weltnatur）获取的存在之意义为引线来实行的。但在这里，存在之意义说到底还停留于一种"不言自明的"和根本不可追问的词语概念的漠然无殊中。有关在其存在中的此在的经验以及对这种存在的提显，或者说对与这个存在者相合的存在学（Ontologie）的构成，被那种肤浅的、贯穿传统阐释的希腊存在学的隐蔽统治所压制，但同样地也被已经固化的学科的强制性问题所压制。

于是，此在之被揭示状态恰恰可以在其独立的自身阐释——鉴于其掩盖倾向——的至高可能性中得到公开显明。

公众状态与好奇乃是此在之存在作为日常状态本身所导致的被揭示状态的方式。对这种"在之中存在"——在对自身的掩盖中对它自身的逃避——的阐明，必须更源始达到此在的基本机制。在世界之中存在说的是：依赖于世界。照料的存在特征乃是消融于所照料的周围世界。照料于自身中包含着寻视的置办活动，同样地也包含着观看的栖留，两者又都既在无忧状态的安宁中又在忧虑（Besorgnis）的不安中。只要此在作为存在照料着这种让自己被世界所携带，那么，"在之中存在"就是由消融于世界中的倾向（Hang）决定的。此在在沉沦（Verfall）于世界之际脱落（Abfallen）于自身，这种脱落导致"在之中存在"蜕变（Zerfall）入公众状态之中，被平整到"常人"水平，并且消失在"常人"中。① 沉沦（具有沉沦倾向之方式的"在之中存在"）并不是一个仅仅发生在此在身上或者偶尔"发生"在它身上的"事件"。这种倾向乃是由这种作为在＝世界＝之中＝存在的存在来担当的存在式厄运（Verhängnis）。

此在从其世界出发为自己准备了理想化的自我放松和漫不经心（Sichleichtnehmen）的可能性，因而也为自己准备了自我错失的可能性。就其存在本身而言，沉沦于世界中是诱人的。此在作为这种存在，使"在之中存在"牢牢持守于自己的沉沦状态（Verfallenheit）。自身阐释把此在提升至它理想的作用可能性上，并且由此而来为此在保证了其存在的可靠性和无疑性。这种诱人的沉沦是很有安抚作用的。而在这种安抚中，它把此在驱赶向异化（Entfremdung）。通过消融于世界，在提升中并且从这种提升而来得到安抚，此在就会相信，自己最容易在世界和普遍历史中照面。致力于世界、并且陷入本己的忧虑之中的照料②，使此在错失了回归

---

① 中译文未能充分显示此句中的"沉沦"（Verfall）、"脱落"（Abfallen）和"蜕变"（Zerfall）之间的字根联系。——译注

② 此处"忧虑"原文为Besorgnis，"照料"原文为Besorgen。中译文未能充分显示两者的字面和意义联系。——译注

它自身的可能性。

然而,恰恰在其到时(Zeitigung)之特征(诱惑、安抚、异化)中,沉沦把此在显露为一个存在者,一个在其"在之中存在"中关乎存在本身的存在者。此在作为有所照料的"在之中存在"——而且在对它自身的逃避中越发如此——已经把自己的存在置入关照(Sorge)之中了。

不过,如果"在之中存在"在沉沦于世界中照料着自己的存在,那么,这种沉沦着的照料就必定建立在此在的一种受威胁状态(Bedrohtsein)基础上。这种受威胁状态把此在驱使入各自的世界之中。但这种受威胁状态却不可能来自世界。受威胁状态必定包含在此在本身的存在中。这方面的可能性是与此在之基本机制即它的被揭示状态一道被给予的。此在乃是自己处身的"在之中存在"。沉沦着的"在之中存在"照料着"在家"的亲熟状态和安抚作用。沉沦着的"从……通向……的道路"乃是逃避"不""在家"——逃避"阴森可怕状态"①。"阴森可怕的"(unheimlich)向来只是"在之中存在"本身所"关涉"的东西。可是,所照料的世界与在其中照面的自身世界——常人自身——乃是亲熟和熟知的东西。在黑暗中,也即在没有光明(作为视见的可能性)的情况下,常人可能会感到阴森可怕,或者处于孤独中,而且这恰恰是在亲熟的周围世界里。没有光线或者没有他人,在我平常有在家之感的地方,也会使我觉得阴森可怕。常人不再在家。这种"不=再=在=家"

---

① 此处"阴森可怕状态"原文为 Unheimlichkeit,也可译为"无家可归状态"。英译本给出两种译法: unhomeliness or uncanniness。参看英译本,第34页。——译注

(Nicht=mehr=zu=Hause)的处身情态特征乃是畏(Angst)。① 当畏释放掉以后,常人说:根本没啥嘛。语言在这里适当地复述了现象。畏乃是处身于虚无(das Nichts)面前。这个虚无不是某种考察工作的课题;而毋宁说,必须从现象上把虚无把握为畏惧(Sichängstigen)之何所畏。"何所畏"(Wovor)这个规定剥夺了畏惧特有的虚无=特征(Nichts = Charakter)。阴森可怕状态乃是"在家"的剥夺性的存在方式,也即"在之中存在"的一种可能的存在方式。此在具有经受畏的可能性。虚无没有给在世界中消融任何支撑;在面对虚无的有所畏惧的存在中,此在让自己指引自身。在这种向"在之中存在"本身的自身指引中,"在之中存在"就在"它存在而非不存在,它本身就是一个世界能够在其中照面的此(das Da)"这样一个存在特征中,在某种别具一格的意义上变得显而易见了。

只要"常人"是存在的主体(Subjekt des Seins),那么,对这样一种"在之中存在"来说,在一种亲熟的、安全的、平均的、公众的与他人一道的日常状态中,就没有任何其他东西可惧怕的了。这种"没有任何其他东西"(nichts weiter)正是阴森可怕状态的虚无,后者被作为处身情态的畏所揭示。作为自行消散的沉沦于世界中,此在在其通常和多半(Zunächst und Zumeist)的存在方式中抵制它本己的阴森可怕状态。被揭示状态的本真的存在方式乃是阴森可怕状态,而最日常的方式却是掩盖(Verdeckung)。所以,"在之中存

---

① 关于畏(Angst)的概念,可参看基尔凯郭尔(Kier Kegaard):《著作集》(Diederichs)第五卷;此处也参看路德(Luther):《创世记阐释》(*Enarrationes in genesin*),第三章,《拉丁文著作》(*Opera latina*)(Erl. 编)第一卷,第 177 页以下。——原注

第二节　此在的源始存在特征

在"的被揭示状态就是沉沦状态之可能性的存在条件，而沉沦状态本身可能导致畏——作为在阴森可怕状态面前的处身情态。

在对其自身的逃避中，此在之存在恰恰在此。它存在——它本身就是它的此（Da）——这一点是不能与赤裸裸的世界之现成在手存在（Vorhandensein）掷在一起的。世界之现成在手存在可能在这个"此"（Da）中照面，可以作为这个"此"而被发觉。可是，各自的此在本身不可能是这样一种现成在手存在。相反，在处身情态及其可能性的存在方式中，此在是（ist）它最本己的"如此存在"[①]。这种现成在手存在，每一个个别此在向来具有这种现成在手存在——常人是它或者我是它——，我们且把它标识为实际性[②]。实际性就其自身而言是这样一种可能性的存在条件，即同样世界性地把一个此在说成现成的此在，尽管只是以空洞的、有所发觉的在此拥有（Dahaben）的抽象把握方式。此在首先在照料之际消融于自己的世界，生活在"常人"中间。也就是说，此在可能非本真地存在，它可能让自己从世界角度被规定，并且可能又在某个周围世界范围内选择不同的照料方式。它可能迷失于世界中，在其中出了差错，但它也可能选择自身，并且决定使每一次照料都归于一种源始的选择。只要此在是由这种"我能"（ich kann）规定的，那么，它最切近的"在之中存在"就已经表现为"可能存在"（Möglichsein）了。此在始终是——不论是本真的还是非本真的——它能够是的东西。此在的这

44

[①] 此处"如此存在"原文为：daß es ist。英译本作 that it is，参看英译本，第35页。——译注

[②] "实际性"（Fakticität，英译为 facticity）是海德格尔在早期弗莱堡讲座中形成的基本概念，他经常把自己此时的哲学标识为"实际性的阐释学"。——译注

种基本机制将在下文中得到进一步说明。

此在曾被我们标识照料。在世界之照料中,此在照料于在世界之中的本己存在。此在始终都是以它已经置入关照之中的东西为标的的。与周围世界和共同世界的存在者相对(这种存在者是在其现成＝存在和非现成＝存在中被照料的),以照料方式存在的存在者之存在应当在术语上被固定为关照(*Sorge*)。关照何以被规定为此在之存在方式的基本特征,这是我们在下一节中要展示的。[1]

---

[1] 关照(Sorge)作为此在之存在特征,是作者在探究奥古斯丁人类学的存在学基础时揭示出来的。在此期间,通过 K. 布达赫(K. Burdach)的研究[参看这本杂志《德国文学和精神史季刊》(Deutsche Vierteljahresschrift für Literaturwissenschaft und Geistesgeschichte)第一卷,1923 年,第 1 页以下(《浮士德与关照》(*Faust und die Sorge*))]这个现象的意义在此在的阐释史上得到了澄清。此在之自身阐释早就已经触及这一现象,同上,第 41 页以下。[海琴(Hygin)引用!——作者边注]。——原注

第三节　此在与时间性

［本节中的若干内容已经于1924年在马堡神学家协会所做的演讲中予以公布。这个演讲有如下引言：下面是关于时间的一些思索。它要追问：什么是时间？如果时间是从永恒中获得其意义的，那么我们就必须从永恒方面来理解时间。因此，这一探究的出发点和道路就被先行标示出来了：从永恒到时间。假如我们有了上述出发点，也就是说，我们认识并且充分领会到永恒，那么这种提问方式就是顺理成章的。倘若永恒不过是某种空洞的永久存在，即 ἀεί，倘若上帝就是永恒，则我们开头所提出的思考时间的方式就必定会处于一种难堪的境地中——只要这种方式不了解上帝，不理解对上帝的追问。如果我们通达上帝的道路是信仰，而且我们体验永恒的方式也不外乎是这种信仰，那么哲学将决不会具有①永恒性，而且相应地，我们也决不能在方法上把永恒用作一个可能的角度来讨论时间。哲学决不能消除这种困境。所以，神学家才是当仁不让的时间问题专家；而且，如果我们的记忆不错，神学是从几个方面来讨论时间的。因为首先，神学讨论作为在上帝面前的存在的人类此在（Dasein），讨论这种与永恒相关的人类此在的时间性存在。其次，

---

① 理解（verstehen）。——作者边注

据说基督教信仰本身是与某种在时间中发生的东西相关联的,甚至关乎这样一种时间,关于这种时间,我们说它"充满了"。① 相反,留给哲学的只有② 一种可能性,就是根据时间来理解时间。]③

45   前面给出的存在解释根本上是充分的吗?④ 抑或这样一种此在研究根本上并没有面临一个不可逾越的障碍,而且此障碍就在课题本身中——在存在者之存在中——已经一道被给予,对于存在来说是构成性的?⑤

---

① 诚然,除了许多其他基本概念之外,神学教义学也首先从哲学中借用了关于时间与永恒的基本概念,此外在这方面,依然成问题的乃是,恰恰由神学家们根据趣味和偶然性选择的哲学是否实事求是地获得了这些[?]概念——只是提高[?]了这些概念的显而易见的混淆。新教神学的新"思潮"从来没有积极地理解这一点——马丁•路德在海德堡辩论中极其尖锐地挑战的东西——迄今为止从未得到具体的贯彻。从此以后一再如此——参照对梅兰希顿地位的修正(Medification der Loci Melanchthons)——回归到一种哲学,参看海尔曼(Herrmann):《当代文化》(Kultur der Gegenwart)*。
　　基础科学与灵魂概念,具有反黑格尔的诉求——但从根基上看却是跟随黑格尔的。——作者边注
*[威廉姆•海尔曼:"基督—新教教义",载《当代文化》,保罗•希纳贝克(P. Hinneberg)编,第一部分第一编"基督宗教",柏林和莱比锡,1906年,第583—632页。]——编注
② 只要它把自己理解为对其问题可能性方面的研究。——作者边注
③ 此节在原文中为作者"原注",为了方便注释和阅读,中译本把它移到文前。——译注
④ 编者注[第三节的第一个句子被海德格尔事后删掉了,此句如下:"已完成的对此在的最切近的存在特征的突现当能使此在如此这般地变得可通达,即从此在而来'时间'变得可把握了。"与此句相关的边注却没有删掉。这个边注如下:]
于是,把时间指明为此在本身之存在的基本特征,这种做法当有可能——在哲学上更源始地解释前述的特征,因此让人把时间本身理解为此在的基本现象。——编注
⑤ 就这里引出一个基本结构的意图而言——需要一种方法论意义——这个问题要追溯到前面的第一节,在那里已经分析了。——作者边注

第三节 此在与时间性

作为在＝世界＝之中＝存在（In=der=Welt=sein），此在明确地或者不是明确地，本真地或者非本真地，总是我的此在。就像"在之中存在"（Insein），此在身上的这种向来我属性①（它的规定性）也不可能被涂划掉。常人（man）自身在其存在中向来所是的这个存在者，作为关照（Sorgen）始终不断地在通向……途中。此在之存在把自己标识为向它尚未是但可能是的东西在出去的存在（Aus=sein）。但是，只要这个存在者还没有达到其终点，那么它如何可能在可提显的、具有引导作用的整体性意义上允诺一种充分的分析基础呢？唯当这个存在者是它可能是的东西时，它作为整体②才成为可把握的。在其"已经＝达到＝终点"中，它才完全③在此④存在。不过，在其完成＝状态（Fertig=sein）中，它恰恰不再存在了。所以，存在解释的窘迫困境并不基于一种"体验的非理性"，更不是由于认识的局限性和不确定性，而在于作为课题的存在者本身的存在。

---

① 形式的概念。——作者边注
② 此在——作为整体——整体性之构成
整体性并非作为锁闭的特征之累积，而是作为实存性质
从存在者本身中获得整体性——
由此，它在其存在方面才是整体的
整体性／不是作为使……成为可能的区域［？］
而是存在之方式
也即也是本真的非本真的
这种实存性质同时作为现象学的先行具有（Vorhabe）。——作者边注
③ 已经达到＝终点、完成＝结束——
在其整体状态中，它不再是整体性（Ganzheit）
但死亡（Tod）乃是所刻划的存在者的特征——此在（Dasein）。——作者边注
④ 作为存在者必须作为整体"在此"（da）存在
为的是把它身上的整体性提显出来。——作者边注

他者的此在已经达到终点并且作为整体已经结束了；说这种此在要为我们的考察工作奠定基础，这样一种指引依然是一个糟糕的答复。一方面，其实甚至连这种此在恰恰也不再作为它自身而"在此"存在（ist）。而首要地：如果我们可以坚持认为此在向来是我的①，那么，他人的当下此在就从来不能代表（vertreten）②此在之存在。虽然我能够与他人一道存在，但我决不是他人的此在。["常人"身上的存在只有作为可能的、本真的向来我属性的损失或者尚未赢获才是可能的。]③这条出路把此在置入先行具有（Vorhabe）之中，后者乃作为一个整体在世界中照面并且应当是"完成了的"④。然而，这条出路所错失的真正通道，不也已经先行在问题中被放弃了吗？实际上，在关于整个此在的完全可通达性的问题中，终点也因此首先被理解为完成整体之塑造（Gestaltung）的时刻⑤，或者被理解为体验和事件的过程联系的一种中断，以及一种活动的停止，基于这种停止，这个存在者便不再"在此"存在。⑥在这两种情形下，

---

① 而且恰恰在这里最少
许多东西对于他者来说
只是并非这个。——作者边注
② 某个东西的代表
这说的是——在某些限度内同样有效
没有人能够为我减免死亡，也即向我的死亡。——作者边注
③ 共同存在，一种可能性
在此在中被共同给予。——作者边注
④ 石头-桌子-植物。——作者边注
⑤ 世界性的现时存在（Praesenz）。——作者边注
⑥ 使整体性结束就是死亡
但整体性要如何取得——参看第一节
可能性存在——存在（sein）之可能性
整体性／极端的可能性

第三节 此在与时间性

此在自始都被看作世界性的东西，并且根据那依然悬缺的东西的现成在手存在或者非现成在手存在而被询问。所以，这种追问方式，作为对这个从来不是现成在手存在的存在者不适当的方式，在这个存在者的存在持存物①（Seinsbestand）②那里受到了反弹。③

可是，这种追问方式却初步揭示了，此在之死亡（Tod）④不能被理解为在此在身上发生的过程。⑤根据其"摆在此在面前"的情形来看，向来本己的死亡必须基于此在的存在方式而被规定为此在之存在特征。"这种"死亡并不实存⑥。死亡总是我自己的⑦死亡。此

  在形式意义上的界限
它对什么而言是界限以及如何可能存在
从这个东西的存在方式而来的存在。——作者边注
 ① 何以如此！因为我们已经认识（kennen）此在（第一节）。——作者边注
 ② 英译本把这里的"存在持存物"（Seinsbestand）译为 ontological reality。参看英译本，第39页。——译注
 ③ 但是关于整体性的问题仍然——还是获得了
某种东西。死亡—终点之显示以及清晰地
世界性问题的不适当性
把死亡从过往的存在解释中提显出来。——作者边注
 ④ 谁了解在基督教神学中制订出来的人类学，他就会知道，这种从保罗到加尔文的《未来生命沉思》（meditatione future vitae）在对生命的解释中把死亡一道考虑进去了。——在当代"生命哲学"中，在先行者狄尔泰*之后，西美尔把死亡现象纳入关于生命的规定之中了。参看西美尔：《生命观——四个形而上学篇章》（Lebensanschauung），1918年，第99—153页。就眼下的研究来说，可参看雅斯贝尔斯（K. Jaspers）：《世界观的心理学》第二版，1922年，第229页以下。雅斯贝尔斯在此为一种此在的存在学赢获了重要范畴"边界处境"（Grenzsituation）。在关于由这个概念所界定的现象的分析中，包含着这种"心理学"的重点，作者（指海德格尔——中译者）知道自己与这种"心理学"的哲学基本态度（参看该书之序言）是一致的。——原注
  * 狄尔泰：歌德文章。——作者边注
 ⑤ 如果此在根据在此被指明的特征而适当地得到规定。——作者边注
 ⑥ 此处"实存"原文为德语动词 existieren。——译注
 ⑦ 规定着整体性的。——作者边注

在在其向来我属性中向来是它自己的死亡。此在说的是可能存在（Möglichsein）。此在之死亡乃是此在最极端的(äußerste)[①]可能性。在所阐明的存在方式中，此在向来就是(ist)它这种最极端的可能性。[②]

　　此在可能成为它最极端的可能性的方式是必须得到提显的。如果所显明的死亡[③]之存在特征是有道理的，那么，此在的日常状态就必定会作为当下此在成为其死亡的方式之一而昭然若揭。有所照料的在＝世界＝之中＝存在乃是此在之存在的共同照料（Mitbesorgen）。作为"在之中存在"，此在是阐释性的(auslegend)。在公众状态之"常人"中，此在得以表露自己："人有朝一日终究要死，但暂时……"他人的死亡是一个人们谈论的几乎日常的照面之事。[④]"常人"也可能遭遇死亡。"有人要死了"使死亡作为可能性而出现，但却是这样，即死亡作为向来本己的可能性同时受到排挤。有所照料地在世界中消融，这种情况处于对死亡的漠然无殊状

　　[①]　最极端的——在作为"不再在此"的此—在(Da-sein)中的"最后"或者决定性的东西
　　　　"死亡——现象学上"内在的"——在／在之中—存在(In-Sein)／
　　　　只是如此广大：不再在此以及在其中包含着什么
　　　　以及此在作为本身揭示着的此在能够
　　　　知道这一点——：不确定性(Unbestimmtheit)。——作者边注
　　[②]　此在——通过被揭示状态——得到规定——存在特征是实存论上的(Existenzialien)——。——作者边注
　　[③]　死亡——而且是我的死亡，不会在无论什么地方出现——以至于我在赴死时与之遇见——而不如说，死亡存在：作为悬临的(bevorstehend)——在我这种最极端的可能性中我面临我自己——我直视我自己，面临着我自己。
　　　　死亡与历史性。——作者边注
　　[④]　死亡之存在，一种在共同存在(Mitsein)死去。——作者边注

第三节 此在与时间性

态中。这种消融照料着对死亡的遗忘[①]。沉沦着的"在之中存在"曾经被我们显明为"具有安抚作用的"(beruhigend)。对此有这样的阐释就够了:暂时死亡还没来呢[②]。因此,这种阐释就给在世界中的消融的紧迫性以合法性。在独有的让自己被世界携带的过程中,此在把它可能的死亡从自身那儿推拒掉了。在此,这种把死亡推拒掉的做法照料着(besorgt)[③]这样一种在照料着的沉沦(besorgender Verfall)意义上的最极端的可能性的一个存在特征。在其到来中,死亡是完全不确定的,尽管它是确知的。[④]照料用它还意图做的事掩盖了这种不确定性。这种不确定性在"暂时尚未"[⑤]中从世界性意义上得到规定;从这种不确定性中产生的可能的不安和忧虑已经被压制了。

具有安定作用的沉沦同时显示自身为异化的[⑥]。死亡的不确定的到来所具有的世界规定性,同时掩蔽了此在最极端的可能性的第二个存在特征,即:死亡的确知性(Gewißheit)。在此在的自身安定过程中,确知的死亡的冷酷无情并不能毫无掩盖地显示出来。"常

---

① 不再期待,期待的变异
对……的逃避(*Fliehen vor*)。——作者边注
② 一种阐释与我自己的存在方式。——作者边注
③ 作为关于死亡的关照(*Sorge um den Tode*)而出现
存在之共同照料。——作者边注
④ 注意此句中的"不确定的"(unbestimmt)与"确知的"(gewiß)之间的区别,前者也可译为"未被规定的",后者也可译为"确信的、确凿的"。——译注
⑤ 这个说法也可见于海德格尔《存在与时间》第258页:"人们说:死确定可知地会到来,但暂时尚未。"参看《存在与时间》(修订第二版),商务印书馆,2016年,第356页。——译注
⑥ 德语原文为entfremdend,对应名词为Entfremdung。或可译为"陌生化的、具有陌异作用的"。——译注

人"劝自己放弃有关死亡的想法。而且,这种情况甚至发生到了这样一个地步,即在杂然共在中,旁的人们还劝垂死的人,要他相信自己很快就会康复的。在这里,平均的世界性的自身阐释就是要安慰他人。这同一种公众的被阐释状态把"对死亡的思考"拉了下来,使之成了胆怯的畏惧,成了阴沉的遁世①。这样一种对悬临的、确知的死亡之可能性的逃避,把自己展示为一种对生命的把握,一种自身稳靠性(Selbstsicherheit)。不过,尽管有这样一种有所掩藏的在死亡面前的休息,但此在的日常状态却仍然要持续地面对其最极端的可能性。具有安定作用和异化作用的阐释,以及相应的对死亡漠不关心的处身情态,使得死亡之存在的基本特征变得清晰可见:死亡的确知性,后者本身处于不确定性之中。但只要面对死亡的处身情态和被阐释状态构成"在之中存在"的基本机制,那么,在其怕死的存在方式中,日常此在就是——它的死亡。

此在的实际性(Faktizität)是由这种可能存在而得到规定的。所以,关于此在的存在学解释,如果它根本上是从此在之存在最极端的可能性出发来理解此在的,那就将形成它从实事本身中汲取的,并且最源始的通达其对象的方式。那种对于一种完全恰当的存在学上的此在分析来说首先不可克服的困难——这个存在者的持续的锁闭状态——恰恰于自身中隐含着一种提示,提示着通达其存在的基本机制的适当方式。一旦持续的未完成状态和完成状态被理解为存在意义上的虚无(das Nichts)(这种意义已经在前面的此在分析中得到了解读),那么,这种提示就会把我们引向通达"实事本

---

① 怕死的勇气(Mut zur Furcht vor dem *Tode*)。——作者边注

第三节　此在与时间性

身"（Sache selbst）的道路。如果人们既避开了此在的表面上最切近的存在经验，又避免了把此在阐释为一种世界性的现成在手存在和事件，那么，死亡就表现为此在最源始的存在机制。当下的实际性本身就是它最极端的可能性。①

由此，我们关于时间的解释工作的地基就被充分地提显出来了。借助于对这个地基的预先规定和制订，我们的研究一直都听从一个指示，一个自从亚里士多德那儿的开端以来隐含于传统的时间解释中的指示。但时间在此在中存在吗？

为了保持在稳固的地基之上，对时间的阐明（把时间阐明为在此在本身中发现的一个现象）将把在其最极端的可能性之存在中的此在保持在聚焦于实事的目光之中。此在日常是其死亡的方式已经得到了提显。不过，这种方式乃是沉沦（Verfall）的存在方式。虽然它对于实际性来说是建构性的，但它本身只把此在显示为能够消融于"常人"之中的东西。此在也能够本真地是（此在的）这种能够（Kann）本身。而且这样一来，唯有在其可能的本真性方面得到强调的实际性，才会显示出时间现象的事实情况——假如时间在此在中存在的话。

此在最极端的可能性乃作为可能性悬临于此在。如果此在应当本真地是这种最本己的可能存在，那么，它必定会在其悬临

---

① 它是什么
成为向来本己的死亡，作为本真的此在——
将来存在——
时间
但时间是将来。——作者边注

（Bevorstehen）中被把握①。此在作为可能存在，必须持守和忍受这种可能存在的悬临。唯有这样，可能性才是其所是。所以，此在将先行（*vorlaufen*）于其悬临的可能存在。这种先行之存在乃是这样一种存在方式，此在就在其中本真地成为它最极端的可能性。②作为此在的存在方式，这种存在乃由处身情态和阐释而得到规定。我们的分析工作的课题因此就成为：此在以何种方式能够本真地处身于其最极端的可能性之中，以及先行作为阐释性的先行，如何揭示这种可能存在并且能够保持在被揭示状态之中。先行首先应当作为阐释而得到澄清③。如果这种阐释面对那种在死亡面前有所掩蔽的逃遁，把死亡揭示为可能性，而且是向来本己的可能性，并且把后者揭示为一种确知的、在其不确定性中确知的可能性，进而把这种可能性带向那种进入此一在（Da-sein）之中的被揭示状态，那么，这种阐释就是本真的阐释。

在先行中，最极端的可能性敞开为在＝世界＝之中＝存在的"消逝"（das Vorbei），可能的"不＝再＝在此"（Nicht＝mehr＝da）：在有所照料的交道的世界中没有任何持留（Bleiben）。世界丧失了那种把"在之中存在"规定为日常被照料者的可能性。世界不再能够从其自身而来给予此在以存在。间距状态（Abständigkeit）以及与他者的不同（Anderssein）——他者作为共同世界在此存在，并且

---

① 被把握状态作为本真的被揭示状态以及作为存在结构的处身情态。——作者边注
② 把迄今为止得到完全阐明的此在带入开端中。——作者边注
③ 向……存在（Sein zu）——作为在……之中自身在先（*Sichvorwegsein*）。——作者边注

第三节 此在与时间性

作为公共状态给予此在以地位——随着世界之后退而消失。世界仿佛把自身从其在意蕴状态之特征中的照面那儿拉了回来,回到了它单纯的现成在手存在。于是,"在之中存在"便被指引到在可能"不再有任何"相干的东西中的处身情态,也即指引到它面对虚无的存在(Sein vor dem Nichts)。① 这种作为何所面对(Wovor)的虚无,把此在之存在唯一地置回到它自身那儿。这个最本己的"它自身"(es selbst)将不再"在此"(da)——在世界中存在。"消逝"作为向来本己的"消逝",把此在从其迷失于"常人"之公众平均状态的情况中抽取出来。"常人"再也不可能是那个被他人所替代和为自己做出选择的"常人"了。"常人"的掩盖可能性崩塌了。向"无人"(Niemand)的无责任状态的逃遁之路被切断了。② 消逝把最极端的可能性显示为那种存在,即此在——在其赴死中——纯粹地作为它自身必须是的存在。③ 在其最极端的可能性中,此在被托付给它自身,也就是说,如果此在意愿本真地成其所是,那么,它就将表现为它从它④ 自身而来必须是的存在。⑤ 作为可能存在,此在是由能

---

① 关于一种存在的不确定性之虚无—
并非这个是否(das *ob*)
也不是这个如何(das *Wie*)
决不是有人重又到来了—
还有,你是——我们[?]是来自一个世界。——作者边注
② 推离和被推离。——作者边注
③ 也即它能够是的某个东西。——作者边注
④ 谁(*Wem*)。——作者边注
⑤ 良知 |
　　| 以及"如何"(Wie)
罪责 |

够选择而得到规定的。先行——对向来本己的消逝有揭示作用——把此在带向这样一种选择,后者作为可能性构成此在之存在的本真性。说先行把此在带向选择,意思就是:先行揭示出选择的视域,揭示出在其中要选择的东西,即在其最本己的可能性中的此在:要么在被把握的自身责任（Selbstverantwortung）之如何（Wie）中成为它自身,要么以被它向来照料的东西所经历的方式（Weise）去存在。

此在能够为自己的存在选择"意愿＝对自身＝负责地＝存在"[①]的方式。那么,在"什么"（Was）之当下照料中的自身逗留就是从这种被选择的如何（Wie）而来得到规定的。在实际性中,此在同样地通过这种可能存在（作为如何之选择的可能性）以及通过沉沦

这个如何（das Wie）—
也即从它自身而来——在其存在式的可能整体性而来——存在的优先地位。

如何之结构
我所是的存在者——人们所是——向来以某种方式。

基于整体性和自身性（Selbstheit）的基本方式:"我整体地"
这个被把握的"如何"。"本真性"
恰恰在日常状态中——由之而来
人们做什么的方式
人们与谁相对待,以及诸如此类。

方式　　　｜　　　　　　　　｜
基本方式｜以及关照之结构｜时间
如何　　　｜　　　　　　　　｜

存在之如何
也即此在之存在本真地。——作者边注
① 德语原文为:das Sich=selbst=verantwortlich=sein=wollen。——译注

状态而得到建构。那种一道携带着"在之中存在"（作为周围＝世界、共同＝世界和自身＝世界）的东西，使得人们遗忘了如何的照料着的消融（das besorgende Aufgehen des Wie）。只要沉沦着的照料是一种存在方式，则这种方式也就可能被称为沉沦着的如何（das verfallend Wie）。这种如何作为习惯和常规，总是在对照料之"什么"（Was）的观看中形成的。只要这种如何（das Wie）是由"意愿＝具有＝良知"（Gewissen=haben= wollen）而得到规定的，则它在术语上就完全意味着在＝世界＝之中＝存在。

可是，人们或许会以为，为了把这种如何和什么经验为此在之本真选择的视域，其实并不需要先行进入最极端的可能性之中。此在能够在其每一个处境中看到这些存在可能性。这个"如何"可能采取选择的态度，而"人们"恰恰无需想到死亡。这种意见透露出一个对作为存在特征的"如何"的根本性误解，但同时它却忽视了眼前的分析工作的主题和任务①。究竟是否"有"诸如如何与什么的区分之类的东西，对此的证明不光不是一种基于某个特定存在者（此在）对作为存在方式的如何的真正阐明；只要它导致了这样一种想法，以为存在着诸如"如何一般"（das Wie überhaupt）这样的东西，那么，它甚至就是一种错误的阐释。但另一方面，我们的分析当揭示出在其存在之本真性中的先行，也即把它揭示为这样一种存在，后者处于作为完全可能性的消逝（das Vorbei als voller Möglichkeit）中——在其不确定的确信中。②在这种本真地被把握

---

① 此在之整体性。——作者边注
② 注意此句中的"先行"（Vorlaufen）与"消逝"（Vorbei）之间的意义方向转换，在海德格尔的思路里，"消逝"即"先行"。——译注

的消逝中,选择之视域才得到敞开,因而在其作为此在之存在特征的规定性中的如何(das Wie)才得到揭示。

先行(das Vorlaufen)本真地是最极端的可能性——如果它把这种可能性把握为确知的可能性的话。"消逝"(das Vorbei)之确信并不①意味着一种世界性的现成=存在和不=再=现成在手存在的无可怀疑性。这种可能存在并不是一种有所确证的知悉(Kenntnisnahme)②的对象。这样一种知悉越是纯粹地一味断定什么,则它就必定越多地掩盖了消逝。对于消逝之确信(Gewißheit),先行的此在在其最本己的存在中必定是确信的(gewiß)。但是,此在之存在乃是由处身(Sichbefinden)来刻划的。只要死亡之确信处于不确定性之中,那么,"处身=于=这种确信=之中"(Sich=in=ihr=befinden)就必定同时也为非确定性本身所关涉(angehen)③。最本己的消逝是持续的,也即在任何瞬间都是不确定的。但这意味着:它在任何瞬间都是确信的。不确定性未必会掩盖确信,不会减弱消逝的可能存在。

先行在在解释性地揭示着的"如何"(Wie)的选择和已经选

---

① 一种在场状态的自明性(Evidenz)
拥有(Haben)之自明性
而是存在之自明性
被揭示状态,作为此(Da)—。——作者边注
② 一种理论上计算性的自明性。
而是此在本身的存在——此在存在——在其可能性之中。——作者边注
③ 存在关系(Seinsverhältnis)
成为可能性
处身情态(Befindlichkeit)
怕的勇气(Mut zur Furcht)
作为决心(Entschlossenheit)的畏(Angst)。——作者边注

第三节　此在与时间性

择中变成本真的确信存在。这种如何作为在每个瞬间[①]中被把握的东西成其所是。这种已经选择了如何的状态为先行烙上了决心的烙印。[②] 先行并不是为了照料着的交道而展开出世界的一个什么（Was），而是在此在本真的被揭示状态——决心（*Entschlossenheit*）——中构成此在。没有先行进入最极端的可能性之中，即决断之悬缺（*Ausbleiben*）[③]，这本身乃是此在的一种存在方式，而并非一无所有。此在也作为没有先行的此在，成为它在其实际性中所是的东西：沉沦着依赖于世界。而且，决断的[④]每一个推延，按其存在而言乃是一种向沉沦状态的自身托付。相反，向最极端的存在可能性的先行并没有死去，而是存活着。在这种存活中——而不是在赴死中——包含着此在的重负（die Schwere des Daseins）。[⑤] 在向死亡的先行中，向来属我的死亡不会成为好奇空想的对象。而且，此

---

① 瞬间（Augenblick）概念
任何瞬间意味着什么
意味着：时间向来作为消散的——
在从世界向本真时间的回归中——
向来是这个瞬间。
瞬间与时刻与现在。——作者边注
② 责任
我把自己弄成历史性的
接受我的来源（Herkunft）——来自将来
并且进入将来之中。——作者边注
③ 更具体地
作为关照的此在的不断继续。
作为另一种可能性！
此在向来在一种——
但不是——除了那些可提显的可能性。——作者边注
④ ？道德！！——作者边注
⑤ ！整体存在（*Ganzsein*）！——作者边注

在在先行中把自己从沉沦于世的状态中抽取回来;这种先行不能被阐释为幽暗的遁世(Weltflucht)①。所有的遁世恰恰都掩盖了"在之中存在"的实际性。遁世并没有把此在引向其存在的本真性和源始性之中,而倒是恰恰要设法把存在转置②入一个"更美好的世界"(bessere Welt)之中。

作为被揭示状态,决心持守于清醒的畏(Angst)的相应的处身情态中。③这种畏乃是面对作为可能存在的最本己存在之阴森可怕状态的经受(Aushalten)。④

但现在,哪条道路能把我们从在其可能存在的本真性方面得到阐明的此在带向时间呢?再也不需要任何道路了。眼下的探究早就不断地把时间纳入课题中了。通过描述有所揭示的先行的存在的存在学特征,我们已经把在其本真存在中的时间现象发掘出来了。各自此在自身都是(这种)时间。⑤如果这话指的是一种地道的、在现象中有其根据的情况,那么,我们前面关于此在之存在特征的分析,同时就是对"时间"存在(ist)的方式的提显。⑥

---

① 补遗。
如果异议是无意义的
它就不能克服。——作者边注
② 此处动词"转置"原文为 hineinbilden,字面上有"想象入……"之义。——译注
③ 这里怕(Furcht)——畏(Angst)的分析对别具一格的可能存在来说变成建构性的。——作者边注
④ 整体存在。——作者边注
⑤ 此句德语原文为: Das jeweilige Dasein selbst ist (die) "Zeit",英译本作: Each Dasein is itself "time"。参看英译本,第 47 页。——译注
⑥ 而且这就是说,前面在第一节中关于时间所经验的东西,以及时间必须如何根据它自身而得到阐明——这些都必须作为此在之存在方式而得到理解,因为概念性(Begrifflichkeit)之构成预告先确定了视域。——作者边注

第三节　此在与时间性

此在是这样一个存在者，它在其各自本真的或者非本真的存在中关乎存在。先行说的是：在最本己的、最极端的可能性之"先"（Vor）① 中存在。这种先＝存在（Vor=sein）揭示自身为将来＝存在（Zukünftig=sein）。此在在先行中是将来②。根据对不确定地确信的消逝（Vorbei）的阐明，向来本己的将来不能被阐释为一个在世界性地照面③ 的什么（Was）。对确信的死亡的先行把握并不是对某个将来的事件④ 的期待。期待（Erwarten）说的是：在当前中以及为了当前而等待。期待之将来性乃是尚＝未＝成为＝当前的东西⑤，是对当前而言所愿望或者所惧怕的可能的当前之物。先行⑥ 不让某物作为一个尚＝未＝当前的东西走近自身而进入当前之中，而且——在存在方式上具有同一特征——并没有在惧怕中排斥某个不能成为当前的东西。先行恰恰让将来存在成其所是⑦。

先行从当前离开，逗留于悬临（Bevorstehen）中，后者乃是此在纯粹地寓于它自身而生成存在（Seinwerden）。对此在这种可能

---

① 作为被揭示的东西先于自身而行——也即回到自身。——作者边注
② 以及将来——向来我的。——作者边注
③ 我能够寻视地绕之而行。/ 没有切近与遥远——/ 转折（Wendung）/ 以及实际上径直"朝向"（aus auf）。——作者边注
④ 因而不是有所等待的当前化（gewärtigendes Gegenwärtigen）。——作者边注
⑤ 世界性的（Weltliche）！——作者边注
⑥ 对这种自身悬临的分析（将来存在）
以及期待。自身——作为此在 / 本真的
时间性存在（Zeitlichsein）——/ 对之来说依然和已经在此
时间——于自身中自身悬临（Zeit-steht sich in sich bevor）
源始的将来存在
阐释学上：源始的、本真的时间存在（Zeitsein）。——作者边注
⑦ 本身是将来。——作者边注

存在的有所保存的①经受乃是将来＝存在。在先行中，既没有对将来某个东西的期待，也没有"这种"漂浮不定的"将来"②；先行乃"是"（ist）存在本身所是的存在之将来。③但将来＝存在说的是"时间性地"存在。④在这里，时间性地（zeitlich）并不表示"在时间中"，而是表示时间本身。而在"时间性＝存在"（Zeitlich=sein）中，"同时"（zugleich）包含着过去存在和当前存在。⑤与之相反，"在"将来中存在的东西尚未"在"当前中存在，更不"在"过去中存在。⑥此在在其存在中是它最极端的可能性，也即"将来地"存在；作为这种存在，此在是本己的"过去＝存在"和"当前＝存在"。唯有这样，这种存在才是时间本身。

所以，如果先行不能被称为此在之将来存在，那么在先行中，"时间"丰富的现象内涵就必定会昭然若揭。决心存在（Entschlossensein）——我们已经把先行描写为这种决心存在了——就是将来＝存在。⑦在将来＝存在上，显示出揭示（Entdecken）之特征。被把握到的消逝乃是我本己的、我曾经是和依然是的"在之中存在"的消逝。⑧在消逝中，其消逝所是的东西达乎视见。先行乃是这样的

---

① 从何而来（被揭示状态）以及已经和"依然"保存于何处。——作者边注
② 某个世界性的东西的到来（a venir）。——作者边注
③ 此处意思有点怪异，德语原文为：die Zukunft des Seins, das es selbst ist。——译注
④ 但将来是时间。——作者边注
⑤ 颠倒的：而是：为此在所抓住
将来存在——显示。——作者边注
⑥ 只有时间是时间性的——但可能在时间中照面的东西不是。——作者边注
⑦ 这是"时间"的本质。——作者边注
⑧ 不是拥有（haben）而是存在（Sein）。——作者边注

第三节 此在与时间性

存在方式,此在①以此方式被指引②回它自身,也即被指引回它的过去＝存在和现在＝存在那里。消逝乃是现在和每个瞬间都确信的消逝(gewisses Vorbei)。③ 如此这般被揭示的过去存在包含着:此在在每个瞬间都已经站立于可能性之中,即先行进入最极端的可能存在之中的可能性,此在在每个瞬间都已经站立于在"有良知的"(gewissenhaft)与"无良知的"(gewissenlos)之间做出选择的可能性中。先行在消逝中揭示出这种消逝所是的东西的存在。但只要此在是通过沉沦(Verfallen)而获得特性刻划的,那么,在此在中就包含着一种倾向,即让自己原初地从世界方面,而且唯一地只从世界而来在"行动"(Handeln)中得到规定的倾向。在这样一种于世界中消融的过程中,此在可能遗忘自己,也即可能变成无＝良知的(gewissen＝los)。但决心作为有所揭示的先行,显示出这样一种此在是没有本真地"已经＝选择"的此在;这种此在仿佛已经让自己由它在其中消融的那个东西所选择了。在决心中(只要决心能理解自身),先行着的此在如此这般被揭示的"过去",是不可能成为一种观察的世界对象的。而毋宁说,决心让此在自发地对其"不曾选择"产生罪责。由于产生罪责④和保持罪责,先行着的此在就是它

---

① 与曾在和将在(Seinwerden)意义上的将来一道。——作者边注
② 回来
在本真的先于自身中回来
我的已经在之中存在(In Sein)和"依然"存在的消逝。——作者边注
③ 那么这在此在中双重的时间—
实际上只要它是关照(Sorge)——历史性的"在之中—存在"(In-sein)
世界性的将来——但作为被扬弃的——或者支配性的。——作者边注
④ 产生罪责与重复。——作者边注

的过去存在①。但这种过去存在,作为将来存在的决心(已经选择)所是的过去存在,把自身推向作为如何(Wie)中的行动的瞬间把握之中。从其本真的和极端的可能性而来,此在通过其过去存在,在被把握的瞬间的各自性②中被揭示而成为可见的。视见(Sicht)并非在世界上有所照料的寻视(Umsicht)的视见,更不是好奇地对……的观看的视见。它吻合于先行之阐释特征,并且显示为作为时间性存在(Zeitlichsein)③的此在的透明性。这种使先行透明的做

---

① 有罪责的——过去存在
作为曾在(Gewesen)依然存在
现在依然而且本真地
这种现在存在(Jetztsein)。
现在(das Jstzt)存在(sein)
  关照
先行着的关照(Sorgen)
本真的关照(实存!)
也即行动
有罪责的关照。
已经
尚未。——作者边注
② 此处"各自性"原文为 Jeweiligkeit。在日常德语中,形容词 jeweilig 意为"当下的、各自的"。在海德格尔那里,此词既有"当下性"的时间性意义,又有"个别性"的意思。英译本作 specificity。参看英译本,第 50 页。——译注
③ 所以,这种存在的丰富现象内涵
—时间
关照(Sorge)—以及烦恼(Bekümmerung)(如何)
在什么(Was)丝毫没有改变,而且如果有——那么也是来自如何(Wie)
但不是颠倒过来
这种烦恼乃是本真的自由存在
自由 determinatio in tempore[及时的决定]。
烦恼—无忧虑的,也即不确定的关照(Sorgen)
关照(Sorge)—不确定的/实存(Existenz)。——作者边注

第三节　此在与时间性

法基于本己消逝的不确定的确信，具有以其不可错失的指向。先行展示自身为将来＝过去＝当前存在（Zukünftig=Vergangen=Gegenwärtigsein），也即时间性存在。这种同时"过去"也"当前"不可诱使我们，把时间①之"整体"视为一个在世界中现成的存在者的总和。这种"同时"和"也"意味着此在本身的这一个存在特征，意味着：这就是"时间"。但先行构成此在本真的可能存在，此在是在其作为可能存在的实际性中构建起来的。此在的本真存在乃是时间性存在②。确实，此在就是"时间"，是以时间性存在的方式存在（ist）的"时间"；此在之存在被规定为时间性。"这种"时间以何种方式存在（ist）③，以及它本身如何时间性地存在（ist），这只有从"时间"的本真存在出发才能得到理解。

下一步的任务是要揭示作为时间性存在的非本真性之存在。④通过强调此在首先和多半显示出来的存在特征，我们已经预先为此铺设了地基；此所谓此在的存在特征乃是：在"常人"⑤的统治地位

---

① 时间是作为实存畴（Existenzial）的整体性。——作者边注
② 以时间方式—｜时间性的—｜也即此在存在
时间性（Zeitlichkeit）——
到时（zeitigend）—到时化（Zeitigung）和时间化（Verzeitlichung）。——作者边注
③ 再也不能这样来追问—根据"时间"来显示。——作者边注
④ 过渡—
在必要的证明意义上，如果时间
规定着存在整体性—也包括日常性—
"时间"存在！／不"仅仅"而且首先"在时间中"／
这依然是难以显示的—因为通过"在时间中"
而被掩盖，而且因为"常人"（man）
比较"常人"和原始民族及其"计时"（Zeitrechnug）。——作者边注
⑤ "日常性"。——作者边注

下有所照料的杂然共同在＝世界＝之中＝存在①。关于"在之中存在"的时间阐释的引线，是通过对本真的时间性存在的阐明而得到保障的。我们对此在借以"拥有"（hat）时间的方式的引导性描述，已经把我们引向了用＝时间＝计算（Mit=der=Zeit=rechnen）和计时②。这种"拥有"时间的方式必须根据日常的"在之中存在"的时间性存在才能得到理解。③同时，区别于本真的时间性存在，非本真的时间性存在也由此得到了显露。时间性存在的不同方式，作为构成性的存在可能性，显示出作为时间性的实际性。

何以我们必须把有所照料的"在之中存在"称为时间性存在呢？径直先于自身，照料已经把某个东西置于关照（Sorge）中了。照料之存在乃是以这个东西为目标（Aus=sein darauf）的。被置于

---

① 此句德语原文为：das besorgende Miteinander In=der=Welt=sein unter der Herrschaft des "Man"。——译注
② 此处"计时"（Zeit berechnen），可直译为"时间计算"。——译注
③ 存在之照料（Besorgen），也即在世界之中存在的照料。
时间性之照料
照料本身乃一种时间性存在
这不是值得注意的！时间是明确的。
Ⅰ．根据时间对意蕴状态和照料的分析。
Ⅱ．根据时间对空间性的分析。
Ⅲ．常人
Ⅳ．语言。
对时间的照料—
作为对作为"在之中存在"的此在之存在的关照（Sorge）
在世界之中存在作为对世界的发现
"自然"
本质性的区别，自然如何"在时间中"
与历史如何"在时间中"
参看作者的授课资格讲座，原始的与世界的。——作者边注

关照中的东西"尚未"(noch nicht)存在；这种"尚＝未＝存在"乃是照料逗留之所，并不意味着任意的尚＝未＝现成＝存在，而是指某个东西的"尚＝未"，这个东西是一种照料所要照料的，也即要获得的。① 而获得(beschaffen)说的是：把某个东西当作周围世界中可支配的东西保存起来。这种"尚＝未"作为向来确定的东西，具有对它所要贡献的东西的指引。这种预先置于关照中的照料作为完成，乃是以完成、操办、提供意义上的照料形式来完成的。这种有所执行的照料向来都是一种对周围世界中可支配的东西的使用和利用，也即对"常人"已经为自己提供、作为无需照料之物已经在手的东西的使用和利用。

作为有所提供的操办，照料乃是"忧虑于……"(besorgt um)，也即忧虑于它是否能成功和完成。因为有所操办的以……为目标(verrichtende Aus-sein-auf...)具有"在通向……途中"(Unterwegs zu)的特征。有所照料的交道尚未达到终点。作为对世界事物的照料，此在照料自己。"自己"(sich)在此意味着：此在的完成什么和结束什么。但结束并不意指照料的一种完全中断，② 而不如说，照料在对被制作物的有所照料的应用中继续。

我们已经强调指出的照料之存在要素显示出同一个独特的时间存在。以一个"尚未"为目标乃是将来存在。但这并不是一种先行之存在方式，而倒是意味着：逗留于某个将来之物。逗留方式具有当前存在(Gegenwärtigsein)③ 之特征。人们在这里会反驳说，其

---

① 对现在和已经可支配的东西来说—"此"(da)。——作者边注
② 而是供使用。——作者边注
③ 比较自身悬临(Sichbevorstehen)和期待。——作者边注

实所照料者"在将来中"可以被称为"将来"存在,但照料是不能被称为将来存在的。说到底,照料恰恰就在"当前"。不过,人们同样要看到,"在将来中"(以及相应的将来存在)的存在意义"在当前"首先应当通过我们现在要实施的对"在之中存在"的阐明而得到规定。这当儿,我们是可以把照料本身称为一种特定的①"将来存在"(Zukünftigsein)②的。

作为将来存在的"以……为目标"(Aussein auf)照料着处于关照中的东西的当前化。类似地,有所操办的照料(例如通过使用工具)与先前一直作为照料对象的已然当前之物打交道。不过,这种被照料存在(Besogtwordensein)恰恰在已经结束的东西(只要它被使用)烟消云散了。有所照料的使用遗忘了这种被照料存在。而且,它越是不受阻拦地效力于有所照料的将来存在,就遗忘越甚。这种有所照料的③遗忘④乃是关照在过去之物那儿最切近的逗留方式。这种"不把此事放在心上"(das Sich=nicht=daran=kehren)乃乞灵于有所关照的将来存在。"为……忧虑"(Besorgtsein um...)意义上的照料同样地显示出将来存在的特征:它期待、希望、担心……。这种"为……忧心"(Sichsorgen um...)并不朝向被照料者,而是朝向照料本身:它要真正成功,在恰当的时候完成。期待

---

① 犹如通过本真的将来而得到区分。——作者边注
② 进入将来而存在。——作者边注
③ 照料——作为遗忘/耽搁/
将来的和过去的当前化,也即时间性的。——作者边注
④ 有所遗忘的拥有!
遗忘作为在不言自明地上手者和现成者的
当前化中的构成要素。
遗忘与不惊奇!——作者边注

第三节 此在与时间性

说的是：把某个东西当作一个马上当前的东西保持在关照中。惧怕朝向常人——在当前中——偶然碰到、可能会起"阻碍"作用的某个东西。这些在到来者那儿存在的方式，系于对某个当前之物的关照。另一方面，那些已经失落的、也即从当前的可支配状态中消失的东西，那些失败的、也即不能作为完成之物而被强制进入当前之中的东西——我们的同情和哀叹就沉湎于这一切。这种沉湎由一种对当前之物的依恋而成其所是。"不能忘怀损失"意思就是：想要在当前继续支配某物。"为……忧虑"把照料本身保持在关照中，而换言之，就是把"在之中存在"保持为一种通过能够＝支配（Verfügen=können）而得到保障和安抚的东西。

照料的所有存在要素都显示出同一种时间性存在的方式，即：把所照料者拉扯入照料之当前中①。② 连"在之中存在"（Insein）的这种时间性存在也在一种将来存在中有其基本特征。③ 它逗留于一个将存在的什么（Was），而在这里，"将存在"（sein werden）意思

---

① 此句德语原文为：das Ziehen des Besorgten in das Gegenwärtige des Besorgens，英译本作：the object of concern is pulled into the present time of the act of concern。参看英译本，第 54 页。——译注

② 更严格地指出
预先存在作为以……为目标（Aussehen auf）
在已经（Schon）中寓于……而存在
已经寓于……而"存在"——
而且拉入当前之中！
而且这规定着预先和以……为目标。——作者边注

③ 在上面注明的演讲《时间概念》中，笔者已经注意到，柯亨（H. Cohen）也看到了时间在将来中的基本特征［但却是康德式的时间——或者说依然极端形式化的。——作者边注］（参看柯亨：《纯粹认识的逻辑》（*Logik der reinen Erkenntnis*），1922 年第 3 版，第 151 页以下和第 226 页以下，在第 1 版中则为第 128 页以下和第 193 页以下）。——原注

就是"变成当前可支配的"。相反,在先行中,"将存在"恰恰保持为它所是的东西。以"变成当前"为定向,照料等待着"尚未"可支配的东西。这种"向着＝等待"(Entgegen=warten)等待着处于关照中的东西,它保护后者,遗忘了曾在之物。虽然将来存在也在照料中构成主要的时间特征,但在这里,它是由那种对当前的依恋所规定的。这种对……的依恋是"在之中存在"的方式。"当前的"首先说的是世界的在场(Anwesendsein der Welt)以及在世界上照面的事物的在场。然而,根据"在之中存在"来理解,对"变成当前"的照料说的是:有所预期地(gewärtigend)让某物进入当前而照面。"在之中存在"就是当—前(Gegen-wart)。作为"在之中存在"的规定,当前存在必须在"当前化"(Gegenwärtigen)意义上得以理解。这种有所预期、有所遗忘的当前化乃是照料的时间性存在。

周围世界并非作为现成的客观事物在场的,而是在意蕴状态之特征中在场的。有所照料的配备(Sichversehen)跟随着指引(Verweisungen)。审慎的寻视立即综观形势(Lage),因为它"首先"不是盲目地去抓住最切近的物件,而是首先预见到了情景(Umstände)。它审慎地寻找合适的材料、正确的场所、有利的时机。寻找就是以某个东西为目标(Aus-sein auf etwas),这个东西作为失落了的——失去了可支配性的——或者说直到现在都还从来不曾可支配的东西,是要被带入在场之中的。这种寻找在追问中道出自身。照料也在各自寻视的有所探问的制订中当前化。常人多半总是寓于"预先已经"在此存在的东西而与世界打交道。由之而来,"最切近的东西"得以显露出来。世界朝着上面被划为显露的照面方式而展开出来,因为这种审慎的展开乃是有所预期的当前化(gewärtigendes

Gegenwärtigen),——也就是说,"在之中存在"是时间性的。

同样地,前面所描述的好奇也是这种时间性存在的一个指标(Index)。

所以,当前化并不是此在的一个任意的、偶然出现的特性。作为"在之中存在"(Insein),此在是当前化的。其时间性存在的方式必须从"在之中存在"出发来理解。① 我们上面已经揭示了"在之中存在"的结构。"在之中存在"是阐释性的(auslegend)。它具有沉沦于世的存在方式。在世界之照料中,它根据最切近的可能性照料着自身——它的"在之中存在"。当前化照料着它在世界中的时间性存在的真正可能性。被规定为"在之中存在"的当前化如何是时间性的呢?②

"在之中存在"具有被揭示状态(Entdecktheit)之特征。世界向此在展开自身,与之一体地,此在同时也向自身展开自身。与世界的有所照料的交道是审慎寻视的(umsichtig)。由于对世界的依赖状态,审慎寻视的照料不断地算计着世界,也就是说,它如此这般地照管着自己的"在之中存在",即它向来具有视见(Sicht)的恰当可能性。③ 不管"在之中存在"是否总是具有这种视见,它都有

---

① 相反! 但要在被解释的"在之中存在"(In-Sein)中指明时间性。——作者边注

② 常人—时间(man-Zeit)的起源 / 为什么除了日常状态的构成性的时间性存在,本身恰好是计时(Zeitrechnung)——更准确地——为什么这种极端情形照管着时间——在此在中!

因为: 在世界中! 还有这种现成在手状态和变换!——作者边注

③ 视见(Sicht)——低微的

首先——光明(Helle)

"在之中存在"——在一种首先原初的[?]的视见中

赖于这个世界本身。视见对于在＝世界＝之中＝存在是可支配的还是被剥夺了的,这取决于天上的太阳在场还是不在场。只要"在之中存在"为自己照管着视见之可能性,那么,它就必须算计视见给出什么,以及视见处于持续不断变换中的情况。天空和太阳在意蕴状态之特征中与我们照面,以它们变化多端的可支配性和可忽略性:作为有助益和贡献的(beiträglich),而且关键是对视见有助益和贡献的。虽然照料无需去制作这种自然的视见,但只要这种视见是变换的①,那么,当前化的"在之中存在"就必定以此为定向(为之等待)。②

此在,这个由于其被发现状态而依赖于视见的此在,乃是杂然共在,而后者就是相互＝言说③。例如在农庄的共同存在中,作为对田产以及在其中的"在＝家＝存在"的照管,这种照料在太阳升起时说:"现在得把牲口赶出去了"。这个表述把照面的天亮称为日常照料的第一个"现在"(Jetzt),而且是以这样的方式,即它把"现在"阐释为"适合于"把牲口赶出去的时候。④现在是一个适合的

后者在依然[？]实际的此在中,也只是完全不言自明地和毫不显眼地在此存在。——作者边注

① 规则地回转的变化。——作者边注
② 日常的—原初的照料—在世界中
世界—自然(Welt-natur)。——作者边注
③ 此处"相互＝言说"原文 Miteinander=sprechen,字面上也可以译为"杂然共同言说"。——译注
④ 何以在这里这个被定向的空间——可支配的——被观看的东西——
太阳被当作尺度
有意蕴的位置性(Örtlichkeit)——
切近之物——遥远之物——
可比较农民的钟点! 身体——阴影! ——作者边注

第三节 此在与时间性

时候。它在天亮时照面，具有意蕴状态（对……有助益的）的存在特征。① 作为被表述的东西，它在共同存在中被说出来，对他人有所要求——有所指引，或者说作为这种现在而与他人作了约定，对照料来说继续有约束力。② 人们依循这个在太阳升起中照面的现在。有所预期的照料根据这种适合的现在——作为确定的"然后"（dann）而得到确定。它作为"在早晨"出现的东西是亲熟的。从此以后，早晨说的就是："把牲口赶出去的时候。"③

只要杂然共在作为审慎寻视的杂然共在，必须对作为视见之可能性的太阳之在场（白天）作出估算，那么，它就在白天完成自己的作业。④ 所以，从"在之中存在"必须照料的东西出发，白天本身是根据确定的适合的现在来阐释的，恰如黑夜被阐释为恰当的宁静之现在。休息（Ausruhen）乃是照料的一种存在方式。凡没有照料什么的，也就不可能从中休息。对有所预期的照料来说如此这般可支配的、适合的"现在"构成人们要考虑和估算的"时间"⑤。当前化作

---

① 这个世界情景（Weltumstand）并非作为事件
在下面的解释中，"当太阳升起时"说的是：
把牲口赶出去的时候。——作者边注
② 这个要求被保存于有所回应的[？]照料中。——作者边注
③ 关于古代的计时，可参看比尔芬格（G.Bilfinger）的研究《市民的白天——古代和基督教中世纪日历日的开端研究》（*Der bürgerliche Tag. Untersuchungen über den Beginn des Kalendertages im klassischen Altertum und im christlichen Mittelalter*），1888年；此外可参看他的《古代的定时法》（*Die antiken Stundenangaben*），1888年。——原注
④ 白天之开始
白天作业之开始。——作者边注
⑤ 首先还要借助于特别的、有意蕴的白天中的现在——在白天——在夜晚。——作者边注

为"在之中存在"沉沦于它所照料的世界。当前化从有所预期地被持守于寻视(Umsicht)中的世界角度来观看自己。但它已经在"现在"中对自己作了表露和阐释,也就是说,在恰当的现在,"在之中存在"的"时间"在世界中照面。一个原始的此在由我们列举的"然后"(Dann)(在白天、中午、群众集会时、集市)就凑合了。白天在季节中涌现,季节首先根据照料(播种、收获)的迫切性和相关的恰当时机(天气)而被阐释为夏天和冬天。①

所以,作为"在之中存在",当前化乃是这样一种时间性存在,通过其寻视,"时间"就在意蕴状态之特征中世界性地与之照面。对照料着、消融着的时间性存在来说,在其世界中有"时间"。②

对于"时间",如此世界性地存在的"时间",我们必须根据其

---

① 唯在这里"时间"
"常人"在人们现在言说之际真正地招呼的东西那儿经验到时间——/时间是天空——/经验时间——但同时在世界意义上加以阐释。/言说这种现在——作为发现(Entdecken)——"在之中存在"的——形成被发现状态。使"视见"(Sicht)变成可支配的——占有之——不是以把握、观察的方式

先前[？]寻视(Umsicht)
理论的世界发现的预备形式
把自然从世界中连根拔起。——作者边注
② 在杂然共在中——"常人"在此存在——
这种描述的不可靠性——
"时间"不是自然和世界,而是作为"常人"
(但原初地作为世界)
作为某个东西在世界——天空中
(作为 ἀεί)而得到解释
公共地——被主体间化(intersubjektiviert)
作为存在——但总还是"在之中存在"——
不是而且从来不是何所在(Worin)——
何所在——在"在时间中"这个表达中/。——作者边注

第三节 此在与时间性

现象内涵来加以考察,并且在这种现象内涵中加以理解,而不可继续把它解说为一个幻想。

当前化的照料遵循着它的被固定的"然后"(Dann)。作为"在之中存在",它具有我们所描述的沉沦于世的存在特征。消融于世界之中同时也把世界展开出来。为照料而照面的东西变得更多样化,周围世界变得更丰富,周围世界中的交道变得更错综复杂。相应地,归属于有所预期的照料的"然后"、各自恰当的"现在",也变得更多样化了。依赖于白天带来的诸多事物,照料必须给予每个事物以时间。① 适合的现在取决于情景以及——只要交道始终是杂然共在——取决于对他者和他者所照料的事物的照顾(*Rücksichtnahme*)。当前化的照料寻找适合的"现在",它追问"然后"。② 这个要各自得到规定的"然后",必须在杂然共在中、并且为了杂然共在而被寻找。如果在杂然共在中,好些人应当对某个"然后"(Dann)做出约定,那么,这个"然后"就不再能够从各自被照料者的意蕴状态而来得到规定了。如果木匠对铁匠说:"当我做完我正在做的桌子的第二条腿的时候,我就过来",那么,这个规定就不再有任何意思了。与之相反,人们在农村里是明白"把牲口赶出去的时候"的。

共同约定的"然后"必须对每个人都是可支配的,也即可理解

---

① 这意味着:它必须在许多事物身上向来当前的——现在在此
现在在此——
现在的秩序——
秩序——作为对恰当的现在的支配的照料——
与情景和可照料性相当的现在。——作者边注
② 管理时间
使一切占用少量时间。——作者边注

的和可规定的。唯有这样，人们才能信赖一点，即：这个他人终究会及时到来。

恰当时间的说明和确定是在顾及太阳的方位时完成的。① 太阳在突出的和容易被经验的位置的在场，乃是根据"然后要照料的东西"（dann zu Besorgende）而得到阐释的。在白天对某个"然后"的约定并没有使用当前太阳的突出的和容易规定的位置，同样地，这种可能的方位也不能根据某种特定的照料（诸如桌子的制作）而得到阐释。另一方面，恰恰对于我们的共同存在来说，天空是共同在此存在的。更有甚者：在持续地伴随着每个人的影子② 中，有鉴于其变化不定的在场状态，太阳是在不同的位置照面的。③ 在白天，我们的影子具有不同的长度，这些可规定的长度是可支配的；它们是可以用脚步量的。尽管个体的身高和脚长是各各不同的，但两者的比例却在某种准确性限度内保持一致。[实际上，在杂然共在中，即在处于某个最切近的周围世界的狭隘界限内的杂然共在中，已经隐含地预设了"位置"（Ort）的相同纬度。]

"当影子只有一脚长的时候，'然后'我们就要碰面了"；以这

---

① 这里呈现出什么——变换的恒定性（*Invarianz*）以及可确定性——在无自身的共在中——
钟点概念
参看柏格森（Bergson）：《绵延性与同时性》（*Durée et Simultanéité*）。——作者边注
② 太阳在影子里运动——通过某物——投下影子。
最轻易的情形：人的影子。——作者边注
③ 在每个人都有的影子那里——投下（wirft）
太阳的方位是可规定的。——作者边注

第三节 此在与时间性

种方式相互来规定"然后"，意思就是：看钟表（*auf die Uhr sehen*）[①]。钟表显示约定的"然后"。看到钟表，人们说："现在"是做……的时候了，还不是做……的时候，再没有时间做……了。看钟表就是要说"现在"，而且通过这种说，恰当的时间变成可支配的了。这些"现在"始终是适合的或者不适合的；它们在意蕴状态之特征中照面。对某个有待照料的东西的指引对于这些"现在"来说是构成性的，但它们悬而未决；意蕴状态是不确定的。恰当的"现在"不再在突出的太阳位置照面，并不指引某种确定的照料。它们显示于时钟。[②] 只要现在的多样性是可以在时钟上获得的，那么，"时间"就会在其中更明确地照面。而且，恰恰因为照面是以时钟为标准的，所以在时钟上，"时间"就能纠缠不休地在世界意义上照面。

我们的照料越多地消融于世界（现在这个，然后那个，然后才是另一个），我们就越少有"时间"。照料着的消融越是经常地和急切地要追问这个"然后"，时间就越是变得珍贵[③]。而且，时间越是珍贵，

[①] 时钟显示太阳的方位——但关键不是
要把握住这个方位——而是根据这个方位来约定
这个方位在我们相互间是可确定的。
时钟自为地走动
本身根据太阳来定向。
沙漏（Sanduhr）
滴漏（Wasseruhr）
一种从……到……。——作者边注
[②] 1. 时间的划分
2. 随时可确定的
3. 可传达的。
对"有时间"来说这意味着什么？——作者边注
[③] 珍品（Kostbarkeit）。——作者边注

时钟就越是精细和便捷。照料的言谈:"我没有时间"说的是:我现在没有多余的时间来做这件事了。照料消融于可支配的时间。时间是不能浪费的。甚至对于"恰当的现在"的确定也不该占用"时间"。这件珍品为时间之存在(Sein der Zeit)提供证据。有"时间"。①

有所照料的时钟使用②作为"在之中存在"乃由言说而获得特性刻画。看时钟意味着:说"现在"。人们在有所预期的"当前化"(Gegenwärtigen)中说"现在"。时钟使用乃是一种特定的时间性存在,也即一种此在之照料。时钟必须满足这种——预期(Gewärtigen)。上面提到的农民的时钟能够显示出时钟的存在学意义。从作为身体和影子持续地可支配的某个东西中,可以读出"然后"(Dann)。在时钟使用中包含着对那个存在者的回溯,这个存在者的可支配性建立在一种持续的现成在手存在(Vorhandensein)③的基础上。在农民的时钟中,"在之中存在"本身作为指针和表盘一道构成时钟。其中进一步包含的东西就是此在头上的太阳。看时钟和确定时间意味着:把人们在此明确地和不明确地说的现在,安排入某种在规则的变换中对照料来说持续地现成的东西之中。④使用时钟,意思就是:人们去照料这种在世界中现成的东西的持续可支配性,从而在其中让向来被言说的"现在"成为确定的(bestim-

---

① 德语原文为:Es gibt "die Zeit"。或可译为:"它给出'时间'"。——译注
② 使用时钟作为标准
说现在——作为发现
参看上文,对"然后"(Dann)的保存。"然后"——作为
在照料中预告先准备和规定的"现在"/
这个"然后"以及日常的将来存在!——作者边注
③ 持续地现成的和本身不言自明的。——作者边注
④ 沙漏!——作者边注

mt)①。这种对"现在"的规定乃是一种测量(Messen)②。关于持续期限(Dauer)的规定是以现在规定为基础的。对现在规定的分析对于测量之存在(Sein der Messung)的问题来说是等而次之的。在测量中包含着：通过当前之物来规定当前之物。刻度值(Maßzahl)使某个线段的在场存在的频繁程度在被测量的、也即在其完全的在场状态中变成可支配的。因此，在时间测量中决定性的东西乃是回溯某个东西，这个东西作为一个在每个现在都在场的东西是可支配的，而且作为这样一个东西使每个现在③都变成可规定的。使用时钟意思就是：当前化地④在世界中存在⑤。为科学目的⑥使用精密计时钟，只不过是证明了在时钟应用中所包含的交道方式的存在特征。物理学的认识是这样一种在＝世界＝之中＝存在，后者根据其持续而规则的现成在手存在而照料着世界之揭示，并且让被发现的世界在科学的结论中成为可支配的。⑦这种认识乃是对作为单纯自然的世

---

① 前理论的规定和测量。——作者边注
② "尺度、尺寸"(Maß)
一般地。——作者边注
③ 可识读的！——作者边注
④ 测量地！——作者边注
⑤ 德语原文为：gegenwätigend in der Welt sein。——译注
⑥ 在自然发现中的理论规定。
把自然从世界中连根拔起。——作者边注
⑦ 更鲜明
朝向恒定物的倾向以及相应的格律学(Metrik)的发展——
为了世界之释放
对自然的连根拔起
＝对扎根的接替
以及通过最切近地涌现的"在之中存在"而造成的暧昧化
世界是通过"在之中存在"本身而被掩盖的。——作者边注

界的当前化,这种当前化明确地把自身把握为任务,并且作为一种"在之中存在"的方式(科学)而变成了独立的了。时钟是否使准确的误解成为可能,或者只是粗糙地指示时间,这在原则上丝毫没有改变"在之中存在"的存在特征,它之被"发明"以及进一步完善,都要归因于这种"在之中存在"。有时钟①,因为对于言说现在的"在之中存在"来说,"时间"在世界性意义上照面。"时间"存在(ist),因为此在在其实际性中,是作为有所当前化的在世界之中消融,也即作为关照(Sorge)而被建构起来的。

"时间"存在;时间在与时钟的世界性交道中与我们照面。某物"在时间中",这话说的是:某物的现成在手存在在一种有所预期的当前化中与我们照面。在场者进入当前而照面,意思就是,在场者通过那种言说"现在"的对世界的展开和阐释而照面。②"当前"一词的含义具有某种特有的冷漠性;它一方面说的是周围世界中的在场状态(即现时性),另一方面是指"现在"(即现时)③。这种冷漠性乃是此在的现象实情的表达,即言说"现在"的、表述自身的对

---

① 有时钟(die Uhr gibt es)
因为此在就是
在时间性的东西发现和掩盖世界的东西——
也即时间在发现中——即在当前化中。——作者边注
② "此"(Da)的双重意义
此——在世界中在场着(anwesend)
此——"在之中存在"
本真的时间
先行。——作者边注
③ 注意此句中的"现时性"(die Praesenz)与"现时"(das Praesens)的字面和意义区别。——译注

第三节 此在与时间性

世界的招呼(Ansprechen)，作为在世界中有所消融的照料，从世界(作为可支配地在场的东西)角度来阐释自己。

作为在＝世界＝之中＝存在的一个基本方式，语言本身就是时间性的。最切近的言说乃是有所预期的相互言说(Miteinandersprechen)。所以，原初的语言是现时性的(praesentisch)。在语言如何课题化地(thematisch)表达①"时间"本身这个问题之前，还有一个更为源始的问题，即：在语言之为语言中，"在之中存在"的时间性存在如何显示(zeigt)自己②。一种以有所言说的"在之中存在"的时间性存在为定向的动词时态学说(Tempuslehre)，只要它坚持上面所描绘的语言的全部存在特征，那么，它就可能③成为一条最切近的道路，让我们有可能把传统的"语法"回溯④到语言之存在自发地要求的基础上。⑤

同时，言说通常表达"时间"本身的方式，为我们提供出一个

---

① 也即概念性地形成时间观
并且把它制订出来／卡西尔(Cassier)，第170页[《符号形式的哲学》(Philosophie der symbolischen Formen)第一部："语言"]更详细的以及注释5。——作者边注
② 时间作为有所言说的此在而存在(ist)。——作者边注
③ 必须。——作者边注
④ 而且是从一种完全确定的和确定地进行阐释的世界理解而来取得的
也即来自言说(Sprechen)之存在的积极的、绝对的视域
与之相反，本身主导性的语言哲学和含义学说对真正的工作的出发点一无所知。／拒绝(Verwigerung)。
作为不当的地基。
就像在伦理体系[？]的制作中
积极的哲学研究
在逻辑上迷失方向。——作者边注
⑤ 言说——此在。——作者边注

证据，证明最切近的此在的存在特征乃是一种有所预期的照料①。②

现在，根据有所照料的"在之中存在"（它借助于时钟而存活）的时间性存在，那个时间特征，即自始就用来标识最切近之照料的存在的时间特征，也就是日常状态（*Alltäglichkeit*），也变得可理解了。日常状态表达出时间性存在，在其中，被照料的最切近的周围世界和在其中的"在之中存在"变成惯常的千篇一律（*Einerlei*）③。有所预期的时间性存在变成日常状态，因为"在之中存在"是通过沉沦于世而得到规定的。预期（Gewärtigen）在杂然共在中遵循最切近的约定了的白天之"然后"。此在服从于一种缄默的关于其时间性存在方面的规整。日常的杂然共在的公众的和通常的"然后"，赋予向来"然后"被照料的东西以千篇一律之特征——只要有所预期地消融于此同时是一种遗忘④。它遗忘向来不同的和新的东西，总是看到自己仅仅面对"同一个东西"。而且，日夜更替的千篇一律

---

① 只不过，这一"事实"原则上必须在阐释学上得到阐明
——"在之中存在"。——作者边注

② 有关此点，可参看卡西尔的分析，见《符号形式的哲学》第一部："语言"，1923年，第166页以下。"得到把握并且得到鲜明表达的唯一本质性的差异，乃是'现在'（Jetzt）与'非—现在'（Nicht-Jetzt）之间的差异。"卡西尔区分了"从时间感到时间概念的三个阶段"：1.现在——非—现在；2.完成—未完成（时间性的"行为方式"的区分）；3.关于时间的抽象的秩序概念。同上书，第170—171页。在印度日耳曼［斯拉夫！——作者边注］语言中，关于行为方式的区分是先于"时态"（tempora）的区分的，这一点表明了有所照料的时间性存在的原初特征，而最切近可支配的东西（被照料的东西或者需要照料的东西）在"现在在手"（Jetzt zuhanden）中说出了这种时间性存在。——原注

③ 千篇一律——作为此（da）！
相同者的轮回（Wiederkehr des Gleichen）
一种可能性的重演（*Wiederholung*）。——作者边注

④ 遗忘与被照料者之同一性（*Selbigkeit*）——将来。——作者边注

第三节 此在与时间性

（日常的千篇一律本身隶属于此）（此在：在＝世界＝之中＝存在），恰恰是从被照料者的千篇一律而来得到解释的，绝没有被确定为一种单纯地发生的变化意义上的明暗更替。

在杂然共在中，每个人或多或少都依循通常的"然后"。每个人都自始就已经放弃了他所"具有"（hat）①的"时间"，为的是首先从在杂然共在中被规整的时间出发来感受时间。这些"然后"担负着对在杂然共在中被照料的东西的预先指引，即对每个人——并非作为他本身，而是作为与他人一道沉沦于世者——也就是"常人"必须做的东西的预先指引。这意思就是说："时间"（如同它在日常此在中被照料的那样）乃是沉沦于世的杂然共在，而这种杂然共在在其存在方面被规定为有所预期地自行表露的时间性存在。"时间"之存在乃是"常人"（Man）之存在，这个"常人"作为独特的"主体"（Subjekt）承担了关于最切近地沉沦着的杂然共在的关照（Sorge）。杂然共在由"时间"而得到经历，因为它就是时间本身，也即以我们所显明的时间性存在的方式在世界中存在（ist）。"时间"乃是"无人"（Niemand）之存在，这个"无人"是在当前化地在世界中消融、从世界而来照面的。"常人"和"时间"现象，它们以顽冥不化的统治地位，在"实在性"方面往往甚至超越了世界的现成存在（世界性的东西"在时间中"存在）；我们不可对它们作偏离的解说，必须对它们开启一种存在学的考察，并且从它们本身中解读出它们的存在特征。

我们前面关于照料之时间性存在和"时间"之存在所强调的

---

① 因为他就是时间本身。——作者边注

东西，通过日常此在本身关于时间所说的话而得到了证实。^①此在不仅算计着时间，而且也在一种"自然的"阐释中表明它是如何与时间照面的。人们说："时间流逝"，而从来不是相反地说"时间产生"。^②当前化的照料目光随着时间。它在流动和逃逸的现在中寻找时间。过去说的是：不再现在；将来说的是：尚未现在。关于时间之"本质"的明确问题通常持守于日常时间经验范围内。时间是天空，或者说是天空的骤变；时间是运动。^③这两个陈述说明，人们是在关于照料之"然后"的日常规定所指引的地方寻找时间的，那就是：天空和太阳运行。甚至流传下来的第一篇关于时间的科学论著（其结论对于后世来说一直都是决定性的），即亚里士多德在《物理学》（关于世界的存在学）中的讨论，遵循的也是时间最切近的照面方式。^④

亚里士多德想象在此类陈述中谈到的事态，并且发现：时间虽然不是运动，但却是在运动之物那里一道被给予的。时间本身是什么？在预先确定的事态上把时间现象提显出来并且给予存在学上的把握，这样一种可能性要求我们预先对运动作一种存在学上

---

① 下文对应于《存在与时间》，下面第五节["时间性与历史性"——中译者按]在原则性的联系中
而不只是图示式的联系。——作者边注
② 时间之河（*Fluß der Zeit*）
参看黑格尔
时间乃是消失。"消耗"（Verzehren）之抽象。
参看《逻辑学》（*Logik*）第 51—52 页[《全集》第 21 卷，第 258 页]。——作者边注
③ 参看亚里士多德：《物理学》第四章第 10 节，218a31-b8。——原注
④ 甚至柏格森的时间理论，显然也是在与亚里士多德相对立的定向上产生的。——原注

第三节 此在与时间性

的理解。亚里士多德发现，运动乃是存在者的存在特征，并且对存在者作了存在学意义上的把握；与柏拉图相比较，亚里士多德由此就在同一个研究意图范围内赢获了一个更为源始的地基。这样一来，也就有可能首次从存在学意义上把"时间"提显出来了。[①]"运动"(κίνησις)这个名称本身包含从……到……的突变[②](μεταβολή)的全部现象：变异（例如在着色中）、增和减、位置变化等。ἡ τοῦ δυνάμει ὄντος ἐντελέχεια ἡ τοιοῦτον, κίνησις ἐστιν [潜能的事物（作为潜能者）的实现就是运动][③]。[④] 运动乃是 ἐντελέχεια [隐德莱希、实现]。后者是存在者的一个存在特征，说的是：保持在完成状态中，现成在手状态 [在场状态]。而且，运动乃是：一个在其能在(Seinkönnen)本身中的存在者的现成在手状态 [在场状态]。能在向来都是一种定向的能在。在作坊里干燥和坚硬的木头可以成为一张桌子。只要这种能在本身是在能够(Können)之全部伸展范围内现成存在的，也就是说，如果这块木头"在制作中"，而且只要它是这样，那么它就在运动。日冕投下的影子之特定的移动可能性也是这样现成存在的；影子从一个位置向另一个位置运行(geht)[⑤]。

---

① 在亚里士多德的时间定义中，根本上出现了关于运动的存在学概念吗？
参看《物理学》第四章第 2 节，201b31；
《物理学》第八章第 5 节，257b8。——作者边注
② 此处"从……到……的突变"原文为 Umschlagen von-zu，英译本作 a change 'from-to'。参看英译本，第 66 页。——译注
③ κίνησις ἐντελέχεια κινητοῦ ἀτελῆς [运动乃是未完成的运动事物的实现]
参看《形而上学》第九卷。——作者边注
④ 《物理学》第三章第 1 节，201a10 以下。——原注
⑤ 运行——它的确定的能够存在(Sein Können)的现成在手存在。——作者边注

对迁移的影子有所照料和跟随[①]的观看说的是：现在在此，现在在此……这种现在＝言说本身带有对位置前和位置后的观看——对位置秩序（Ortsfolge）的观看。现在＝言说（Jetzt=sagen）根据其在场状态来称呼迁移的影子，并且使这种在场状态明确地变成可通达的。[②]通过把一个现在与另一个现在相对照，迁移的影子的整个各自的"此"（Da）就变成可支配的。对现在＝言说"进行计量"。[③]通常计量的基本功能必须在现象学意义上被理解为：揭示在场者的在场状态，并且使之成为可支配的。计量（Zählen）乃是一种当前化。[④]在对运动事物的观看中"被计量"的，就是"现在"。τοῦτο γάρ ἐστιν ὁ χρόνος, ἀριθμὸς κινήσεως κατὰ τὸ πρότερον καὶ ὕστερον.［因为时间正是这个——关于前后的运动的数］（219b1以下）：因为时间就是关于前和后的运动的计量。[⑤]由此我们看到了那个已经变成传统的时间概念——作为流失的相继序列（Sukzession）——的基础了。无论现在是根据物理事物还是根据心理过程和"数据""被计量"的，有所预期的照料中照面的"时间"始终已经得到考虑和估算了。计量乃是一种当前化。所以，时间概念[⑥]的存在学起源史表明，即

---

① 展开着—揭示着、传达着（mitteilend）的。——作者边注
② 计量（Zählen）招呼某物，并且作为本身表露自己。——作者边注
③ 在此要区分
为提显时间定义的例子
与为澄清被定义的时间的尺度功能的例子。——作者边注
④ 如何？着眼于现成在手状态的如何频繁——
尺度单位的出现。——作者边注
⑤ 参看亚里士多德：《物理学》，张竹明译，商务印书馆，1982年，第125页。——译注
⑥ 因为相对论要对时间规定的基础作出沉思，所以在相对论的研究中，"时间"本身必须更鲜明地得到揭示。［使之更清晰！——作者边注］特别是海尔（H.Weyl），他

第三节 此在与时间性

便在此在明确地追问时间之本质的时候，此在也是在当前化的照料意义上进行追问和解答的。

可是，这种对时间的计算却从未把时间搞成"空间"（Raum）。时间不能被空间化。对时钟的存在学意义的分析以及对亚里士多德的 ἀριθμός[数、数量]的解释，已经清楚地表明，对时间的计算性交道乃是一种特定的以当前化为方式的时间化（Verzeitlichen）。人们让"不可逆转性"成了时间的标志性的谓项；这种"不可逆转性"在这样一种对"时间"的观看中得到了表达，而这种观看想要真正地逆转时间，也即重—演（wieder-holen）① 时间，并且完全在一种现成在手存在的当前中支配时间。② 时间始终是位置时间（Ortzeit）——一旦我们认识到（作为一种原初的现象学意义上的发现），当前化之源始的存在特征借助于时钟，也即借助于在某个周围世界中的"在之中存在"，在某个位置（Ort）上有在家之感，那么，上面这一点就变得在存在学上可理解了。③

在其根本的思索中受到了现象学的训练，其研究表明一种意图，就是要越来越源始地根据时间现象来发展数学。这方面富有价值的教导，笔者要归功于在弗莱堡大学任私人讲师时期的"同学"贝克（O.Becker）博士。经他允许，我在此分享若干观点。[纯属多余，因为贝克本人讨论的是数学实存。——作者边注]。——原注

① 重复（iterieren）。——作者边注

② 通过诚实地面对自己的前提，不曲折地——但以其自身廓清——必须进入作为"常人"之存在的时间的本真意义的近处。

在康德那里——阻塞——通过意识——以及认识——

时间。——作者边注

③ 这里不能追踪时间概念的历史；它只能作为存在学的历史来完成。参看海姆索特（H.Heimsoeth），《批判的唯心主义的形成过程中的形而上学动因》（*Metaphysische Motive in der Ausbildung des Kritischen Idealismus*），载《康德研究》（*Kaurtstudien*）第XXIX 期（1924年），第152页以下；进一步可参看肖尔茨（H.Scholz），《康德空间和时间学说的遗赠》（*Das Vermächtnis des kantischen Lehre von Raum und von der Zeit*），同

我们的考察工作现在已经表明，此在即便作为有所照料地消融于世界中的此在也是时间性的，以及此在何以是时间性的：那是一种追问"何时"（Wann）的有所预期的当前化。这也意味着：从对世界的依赖状态的基本机制来看，实际性也是时间性的。但此在在其实际性中同样源始地作为可能性存在而得以构成。上文已经指明，此在在其存在的本真性中作为可能性存在是时间性的。但顾及实际性的基本机制，这就完全证明了先前仅仅根据本真的时间性存在的分析而表达出来的命题：此在就是时间。

时间性存在的基本特征在于将来存在。因此，我们必须根据将来存在的方式，来揭示本真的时间性存在（先行）与非本真的时间性存在（沉沦）的区分。有所预期的照料在"它何时到来？"意义上追问死亡。这个何时（Wann）实际上是不可规定的，这一点丝毫没有改变失落于世界之中的此在习惯于安慰自己的追问和回答的方式："还有时间呐"。对消逝之何时（Wann des Vorbei）的有所预期的追问恰恰系于"尚未消逝"以及预计还能活多久。有所预期的时间性存在恰恰没有达到作为不确定地确信的可能性的消逝（Vorbei）。它没有使自己进入它本身本真地所是的存在之将来中，而不如说，它虽然照料着将来，但只是为了在其中作为当前化而涌现，因而对本

上，第20页以下。

在其关于时间意识的探究中，胡塞尔（Husserl）首先强调了形式的现在—意识的现象学结构。参看《哲学与现象学研究年鉴》第一卷（1913年），第161页以下；进一步可参看贝克（O. Becker）：《论几何学及其物理应用的现象学论证》（*Beiträge zur phänomenologischen Begründung der Geometrie und ihrer physikalischen Anwendungen*），同上，第Ⅵ卷（1923年），第436页以下。贝克在那里明确地报道了胡塞尔尚未公开的关于时间意识的探究。——原注

真的时间性有了把握。

此在的本真存在是其所是,只是以这样的方式,即:此在以本真的方式成为非本真的,也就是说,此在于自身中"扬弃"(aufhebt)非本真的存在。它本身丝毫不是什么应当和能够仿佛独立地在非本真的存在旁持存的东西;因为在先行之决心中被把握的如何(*Wie*),始终只有作为一种在共同存在之时间的现在中有所抓取的行动才成为本真的如何。然而,有决心者具有自己的时间,并不沉沦于他作为照料者必须依循的时间。①

另一方面,非本真的时间性存在根本不是一个单纯的假象,被计算的时间的存在也不是什么错觉,而毋宁说,在实际性中的这种时间性存在的统治地位,揭示出在实际性中所包含的厄运(Verhängnis)的存在特征。

不光是照料的有所预期的时间性存在不会消隐——只要它是本真的。②在世界性的和公众性的意义上,我们甚至不能把它与一味沉沦着的时间性存在区分开来。时间性存在越是本真地在决心(Entschlossenheit)本身中得到自身理解,则事情就越是这样。决心不会谈论自己,不会通过各种规划和纲领公开把自己宣告出来。它的传达方式是缄默的、示范性的与他人一道和为他人的行动。

时间被视为一个 principium individuationis [个体化原理]③。以

---

① "一个聪明人沉默,直到他瞅中自己的时间;但一个突兀的傻瓜却不能忍受时间。"《西拉书》(*Sirach*)第20章第7行。——原注
② 并不是在一种道德化意义上!!而是在实存论意义上(existenzialiter)。
   比较:存在与被揭示状态
       沉默与时间。——作者边注
③ 参看贝克著作中关于胡塞尔的形式概念的讨论。——作者边注

此作用，时间就在上面所指明的"现在位置"（Jetztstelle）之相继的一种不可逆转的秩序的世界式概念意义上被理解的。关于个体化的问题的开端和讨论方式，有赖于在此明确地或者多半不明确地起作用的存在学和逻辑学的前提。我在此只想指出，被理解为此在本身之基本特征的时间何以个体化。

在将来存在中，在进入其极端可能性之中的先行的将来存在中，此在达到其存在的本真状态。在这种存在中，此在被从"常人"那里取回来了，并且被置于它的此在（Dasein）独一无二的从它自身而来唯一可把握的一次性（Diesmaligkeit）之中，因而变得完全不可为另一个东西所替代。原初地从此在所照料和公开意指的东西而来——区别于每一个他者——给予此在以"历史性的"个体化——这样一种可能性崩塌了。时间以这样一种方式个体化，即：它恰恰消除了在他者面前表现（Sichausnehmen）的任何可能性。它使所有人恰恰在最本真的意义上变成平等的，因为它使每个人都与死亡相聚，而关系到死亡，没有人能胜过他人。

然而，撇开本来就有的各种欠缺不谈，上面关于时间的考察却活动在一种对课题的根本误解中——倘若这种考察的"成果"要表达为"此在向来是时间"这样一个绝对命题的话。在一种科学探究工作中，除了所有方法的掌握和材料的掌握之外，παιδεία[教养、教化]是决定性的。亚里士多德乃清醒的研究者的榜样。正是此公提出一项要求①，谓：人们不光要理解课题，而且首先要占有关于实

---

① 参看《论动物部分》（de partibus animalium）第一章第 1 节，669a1 以下。——原注

事的恰当交道和处理的源始可靠性。① 本真的时间性存在包含于决心之中。因此,在一种理论考察中,只有当这种理解汇入一种沉思,而这种沉思最适合于把此在带向时间性存在,这时候,时间才能本真地得到理解。要理解和探究时间,我们必须真正地追问:"我是(*bin*)时间吗?"

---

① 参看苗力田(主编),《亚里士多德全集》,第 5 卷,中国人民大学出版社,1997年,第 3 页。——译注

第四节　时间性与历史性[①]

85　　我们已指明的此在之存在结构：在之中存在、共同此在、言说、

[①]　关于历史性（Geschichtlichkeit）
本真的历史性——激进历史学的演绎。
｜纯粹结构与可能性考察——没有同时代的批判
｜解构（*Destruktion*）之先天性之为存在研究的题中之义。
关于历史性的问题，参看第一节关于人类学的结论。
现在：历史性与生命哲学——/狄尔泰那里积极的东西——
先行追问！对准备工作的了解与基本的必然性。
存在疑难
｜如果这个在此——那么！不能把历史学与哲学放一起
｜而是要看到——它们已经是这个，只是亏空了（defizient）——
｜一方失去了另一方，因而成了核心问题的牢固抓手。

后来，笛卡尔的生命——人类学——意识！笛卡尔
明确地具有意识体验行为的方向——心理学。
狄尔泰／以及现象学。

现象学——｜迄今为止第1—5节的考察，从论题出发——存在。
存在研究——现象学的
｜迄今为止的！不够但却是可能性。
它的起于论题的意义——存在，因而现在亦然
｜不能把迄今为止的当作已完成的推到一边去——而是
｜要在积极的可能性中理解之。
而且因此——
根据得到保障的意义而使研究对实事保持一致。

第四节 时间性与历史性

沉沦、被揭示状态、可能存在——必须被理解为同样源始的。这些特征的结构联系以与时间性存在的同等源始性,首先给予完全的存在之意义,我们已经在术语上把这种存在确定为关照(Sorge)。① 在如此这般被展露出来的实际性(Faktizität)结构中,现在历史性② 作为存在机制才可能成为可见的。就像前面从通常得到描写的存在特征中把时间性提显出来了,现在,在时间性现象中显示出历史性。③

被理解为此在之存在结构的历史性,原初并不意味着在世界性

　　哲学的真理
　　1. 历史学的 2. 先天的——(也即根本上时间性的!)
　　但这是确定的 3. 实存状态上的! ——作者边注
① 表面地! ——作者边注
② 历史性与被揭示状态
　　此在的历史学性(Historiyität)。
　　它的历史性同时也是历史学性——
　　因此在其中有历史学的可能性——
　　在历史性的存在性基础上。
　　历史性、历史学性与烦忧。

　　历史性与变化——此在之运动
　　运动与相对性

　　被揭示状态同时也是被遮蔽状态——亦即
　　实际的各个可通达性并不表示
　　知识的相对化——
　　要是只有非本真的有效性(Gültigkeit)要素被吸取进来。
　　它不可能从[?]行进中派生出来——真理要素根本上
　　将决定真理。——作者边注
③ 如此这般提显出来的东西——在这种提显结果中必须自身是实存论上的——是同样原始地回到实际性之中而被观看的。——作者边注

事件之脉络中的此在之出现（Vorkommen）的一种方式——此在一度进入世界性事件的过程中，为的是又从中消失。① 历史性也并不意味着此在的可能性，即把这样一个事件（Ereignisse）序列作为从同一视野［？］中过去了的东西来了解的可能性。而毋宁说：在之中存在（das Insein），而且是作为被揭示状态②的在之中存在，本身作为时间性存在就是历史性的。此在就是历史。

所谓"历史"，人们首先把它理解为过去了的生命。某物是历史性地被规定的，意思就是：它依赖于从前曾在的东西。某物已经变成"历史性的"（geschichtlich）了，意味着：它根本上已经属于过去。"历史性的"这个表达意指某个存在者的时间性存在，只要它是通过"过去了的"这个特征而得到规定的③，而且作为这种过去之物明确地或不明确地归属于它耸突入其中的某种当前——作为回忆—保存—或者遗忘。

上面我们着眼于其时间性存在，把有所照料的在之中解释为有所预期的当前化。阐释，即世界和"在之中存在"之展开的实行＝居有方式（Vollzug＝Aneignungsweise），在此从其时间性存在角度来看依然未受关注。对某物之为某物的阐释性称呼（Ansprechen）从一种或多或少明确的熟悉性而来称呼照面者：作为器具，作为适合于……或者诸如此类。这种"作为什么"（als was）（由之出发，周围世界以及在其中发生的照料得到了阐释）从各个此在而来多半

---

① 进入一种不确定的［？］总体性（Totalität）［Tr］之中！——作者边注
② 运动！——作者边注
③ 也即一道组建被揭示状态
不是"被意识"状态。——作者边注

并不首先①得到重新揭示。此在作为杂然共在进入这种固定的被阐释状态之中并且在其中成长。此在公开的被阐释状态引导(führt)②当下各种谈论(Besprechen)。公开的被阐释状态其实就是"一种时间"的被阐释状态。人们在"我们的时间中"关于……思考什么,人们赋予何种此在可能性以优先性,正如人们对"正在酝酿中的"此在本身的把握,这通常规定了此在的要求、需要和冒险。而这种"时间",一种杂然共在的当前,本身是"时间性地"得到表达的。"老一代"多半"不再参与"此在的个别方式。对它来说制订规则的依然是"它那个时代"的风俗③——在那个时代,"中间一代"已经成长起来,已经开始动摇居支配地位的被阐释状态了,目的是最后作为中间的和领导的一代而获得成功。但只要这种共同性(Miteinander)的时间性存在建基于作为可能存在的此在本身中,那么,老一代的个体甚至可能远远地"先行于"最年轻的一代。④

此在作为各自的此在,同时始终是一种世代(Generation)⑤。所以,借着世代本身⑥,某种特定的被阐释状态先行于每一个此在。而

---

① 而是"已经"(时间)。——作者边注
② 过去与此在式的非同时性
这种非同时性作为时间性。
并非"现在"中的单纯非同时性。——作者边注
③ 这并不是根据被意识和被拥有的东西的相对性
而是根据此在之存在机制来理解的。——作者边注
④ 据我所知,关于作为历史学范畴的世代(Generation)的概念,是狄尔泰首次做了讨论。参看《狄尔泰文集》,第5卷,第36—41页。——原注
⑤ 而且此在首先恰恰从世代而来,而且就是世代,尽管是以模糊的方式。——作者边注
⑥ 世代与杂然共在
也即

且，在世代中所保存的东西本身来自先前的争辩、先前的阐释以及过去的照料。这一点恰恰适合于尽管有着某个当代的个别世代之间的种种区别，但仍旧坚持自己的东西。它按其起源追溯到过去，但依然在今日（Heute）如此这般起作用，即它的支配作用是不言自明的，它的变易过程被遗忘了。在杂然共在的主要的被阐释状态中，包含着一种本身被遗忘的过去。只要此在乞灵于这种过去（关照），那么，它就是（ist）①这种过去本身。这种被阐释状态总是已经作了决定，决定了在个别的照料可能性中首要地被保护和被处理的是什么②（诗歌材料、造型艺术的题材、学科的工作领域）。③阐释性的照料有其固定的先行具有（Vorhabe）。而同时得到确定的是，向来处于先行具有中的东西在何种角度——可以说——被瞄准了。"视见"（Sicht）的可能性持守于预先规定的界限内。阐释具有自己

    杂然共在与时间性。——作者边注
① 不光是已经——利用——
  而是——被承担——被引导
  / 实际性（Faktizität）！——作者边注
② 在手稿第一节已经处理——关照（Sorge）的存在特征。
  先行｜—特征
    或者时间/——作者边注
③ 在这里 理解（Verstehen）
    被揭示状态
    阐释（Auslegung）
    与历史性（Geschichtlichkeit）
    I. 接受
    可能研究的
    视域
    "历史学"（Historie）。——作者边注

第四节 时间性与历史性

的先行视见。① 所照料的世界与"在之中存在"本身同时在一种特定的可理解性范围内得到阐释。确实，人们习惯于"在某种程度上"追问世界以及在世界中的生活。为此可动用某种传统的概念方式。以此概念方式，阐释便有了自己的先行把握(*Vorgriff*)。一个"时代"(Zeit)②的被阐释状态是牢牢地通过这种结构要素及其变化形态来调节的。而且，恰恰这些结构要素的非明确性——即人们并不知道它们——赋予公众的被阐释状态以不言自明性之特征。然而，被阐释状态之结构的"先行"特征却表明，恰恰曾在者(das Gewesene)仿佛先行跳越(*vorausspringt*)③由一种被阐释状态所贯通和支配的当前。受被阐释状态所引导，有所预期的照料经历(*lebt*)它的过去。所以，此在恰恰在最切近的共同照料中成为它的曾在存在(Gewesensein)。④ 这样一种时间性存在必须被理解为有所遗忘的当前化的在当前中消融。这种存在昭示自身为此在的不明确的基本的(*elementar*)⑤ 历史性存在。但只要当前化构成非本真的时间性存在，则"常人"中的这种历史性存在就可以被称为非本真的。⑥

---

① 此处"预先视见"原文为 Vorsicht，或可译为"先见"。Vorsicht 的日常含义为"谨慎、小心"。——译注

② 或译为：一种"时间"。——译注

③ 已经被言说了——
实际性要素
也即
是(*ist*)历史性的。
这种存在的发生
从时间性角度看的运动。——作者边注

④ 这是已经是的东西——。——作者边注

⑤ "预先"(voraus)
作为"已经"(schon)。——作者边注

⑥ 根源——历史意识与脱落的意义。——作者边注

90　　这种非本真的历史性存在①——它包含于在公众状态的消融中——对此在来说可能在各各不同的范围内变成明确的②。因为共同性(Miteiander)之过去存在已经并不显赫地包含在当前的被阐释状态中了，所以照料能够揭示这种曾在存在。过去可能特别地被置于关照之中。此在保护过去——具有传统。曾在者的非遗忘状态(Nichtvergessen)受到照料，它需要这种明确的关照，因为此在作为有所预期的当前化带有一种遗忘的倾向。具有＝传统首先是一种对过去的当前化。它把过去理解为已经消逝的(vorbeigegangene)③当前。在传统中，不可挽回的东西——过去被理解为这样一种东西——应当按其对于当前而言的可能性而得到保存。④对传统的有所照料的保存可能发展为一种独立自主的任务。阐释性的此在跟随(nachgehen)自己的过去，曾在者在这样一种阐释性的展开中超出向来恰恰在传统中当前的东西而得到揭示。这种阐释通常通过一个在其本己的当前中可支配的(verfügbar)⑤视域而看到过去。日常的阐释根据其所照料的世界来理解此在。就此而言，过去

---

　　① 历史性(Geschichtlichkeit)与"历史学性"(Historizität)之间的先天关系。——作者边注
　　② 明确性(Ausdrücklichkeit)
作为被揭示状态的
如何
一种存在方式——
逃逸或者实存(Existenz)。——作者边注
　　③ 失落的——或者丢失了的
感谢上帝，消逝了！——作者边注
　　④ 并不是在虚弱而胆怯的传统中
传统主义(Traditionalismus)。——作者边注
　　⑤ 被捡拾的——
决定性的——只不过是过去的材料(Stoff)和"形象"(Bild)。——作者边注

第四节 时间性与历史性

的此在① 根据其世界而受到探问，根据人们当时所从事的事情以及在过去生活的周围世界中所发生的事情而受到探问。过去作为世界历史② 成了阐释的课题。所以，本身历史性的此在能够把握住一种可能性，即历史学地（*historisch*）存在的可能性。在术语上，与历史性相对，并且根据 ιστορεῖν ［探索、调查］= 侦查（erkunden）的基本含义，历史学地 = 存在（historisch=sein）意味着：为一种当代，在一种历史性存在中总是活生生地、明确地对过去的揭 = 示（Ent=decken）。

只要照料着在世界中消融是由好奇规定的，则历史学上的认识③ 对于有所当前化地在世界中失落这回事情来说就可能成为一种新的沉沦（Verfall）机会。基于其文化的多样性，世界历史可能成为一种彻底的比较（*Vergleich*）④ 的课题，对于这种比较工作来说，当前只不过是许多不同的——虽然曾在的——文化中的一种。世界历史在分类表中成为可支配的，而且此类历史考察自以为已经达到了

---

① 完全的此在
但不是依照结构。——作者边注
② 此处"世界历史"（*Weltgeschichte*）当然不是在"历史学"意义上讲的，而是在实存论的"在世"分析意义上讲的。——译注
③ 历史学性（*Historizität*）的真与不真
它的展开计划
世界——发生
在时间中——年代学。——作者边注
④ 因此之故"比较"
当前化！
"无关痛痒"（*Gleichgültigkeit*）
真实的、受实存状态上的历史性存在供给的历史学性（*Historizität*）之意义。——作者边注

与自然科学的认识相应的客观性——由此表露为一种当前化,也即对过去之过去特征的根除。①

作为仿佛倒退地当前化的认识,历史学上的认识追问过去事件的"何时"(Wann)。唯有这样,这种"在某个时代"(in einer Zeit)②曾在的此在才可能作为在世代序列中的杂然共在而在其时间性方面成为可支配的。这个"何时"原初地根据在某个时代发生的东西而"被计量"③。历史数据(Geschichtszahl)说明时代④,而且总是意指在那个时代里以有所照料的此在的个别方式而处于关照中的东西。即便在这里,历史数据也具有当前化的方法意义,对于有所当前化的考察来说,它应当使"某个时代"相对于其他时代而在其曾在存在的差异性成为可支配的⑤。⑥

---

① 过去作为历史性的通常时间特征 —— 只要当前之过去(Gegenwarts-Vergangenheit)和当前[?]被视为世界性的。——作者边注
② 或译为"在某个时间"。——译注
③ 计量
可计量的序列——
历史数据的
序列特征
"摆置"(Stellen)
"数据"前数量的
但却是数学的。——作者边注
④ 或译为"时间"。——译注
⑤ 在一种普遍可穿越和可规定的序列的完全现时在场(Praesenz)范围内。
历史数据关系到当前之过去(Gegenwartsvergangenheit)
空洞的被抢先认识到的 1968 年的数据。——作者边注
⑥ 参看《历史科学中的时间概念》(*Der Zeitbegriff in der Geschichtswissenschaft*),同上,第 182 页以下。在那里,历史数据的独特性虽然被看到了,并且作了年代学上的解释,但其功能并没有真正地得到理解。——原注

第四节 时间性与历史性

由我们所指明的结构要素先行具有、先行视见和先行把握所规定的，不只是日常此在之寻视构成和保存下来的阐释，而毋宁说是每一种阐释，也包括明确的历史学的认识的阐释。它们组建起各自的阐释学处境(*heumeneutsche Situation*)，在其中，每一种阐释都具有自己的存在可能性。每每根据阐释学处境是源始地被把握，抑或只是被接受，对于有所展开的历史学研究来说得到保障的是如下几点：1. 过去的此在应当先行作为什么而先行被把握（作为一种文化的表达、作为人格、作为处于事件之因果联系中的物），2. 如此这般被先行把握的东西在何种角度成为追问的对象，3. 何种概念机制对于理解性的居有来说是可支配的。但首先而且多半地，阐释学处境还是不明确的。过去之被解说，乃是根据被阐释状态，以及历史学家对各自当前的平均理解力。公众的被阐释状态越是不言自明——也就是人们向来理解的艺术、宗教、生命、死亡、命运、自由、罪责等——在阐释学处境中具有引领作用的东西就越少显露出来，尤其是因为阐释学处境从探究工作之开端起，就是通过对"材料"的最初解释来确定的。而且因此，例如在坚持面对问题史结构——而不是对文本——进行穿凿附会的解说的哲学史和其他历史学学科的领域里，阐释恰恰能够在奇怪的"铺填"(Unterlegungen)那里找到。它们穿凿附会地解说的东西，乃是公众意见中不言自明的东西，概念乃是一种平均理解、一种偶然的内部的[？]哲学立场的被用滥了的概念。人们把那种漠不关心的状态，也即对每一种阐释而言（在对它来说必然的阐释学处境里）自始就已经决定了的东西漠不关心的状态，看作一种主体立场的中止。在这种对阐释学处境之明确居有的遗忘中，以及在对不断地伴随着阐释的阐释学处境的修正（Revision）[①]的遗忘中，昭示出一种历史性存在的方式，而那种对过去的认识就是从这种历史性存在中生长出来的。这是一种当前化，它本身已经被我们刻划为非本真的时间性存在了。确定的历史性存在本身是非本真的。只要历史性存在构成此在之时间性（在这种时间性中此在就是它的过去），那么，本真的历史性就必定建基于相应的时间性存在之中。这种时间性存在乃是本真的历史学认识的存在可能性（Seinsmöglichkeit）。但这意味着：历史学认识的阐释学处境可能只是在本真的时间性存在、在先行的将来存在中形成的。这就让人明见，历史学认识是如何与过去发生关系的。过去恰恰不是消逝了的当前，而不如说，过去存在首先只在其曾在（Gewesensein）中才得以释放出来。过去敞开自身为一种将来存在的确定的曾在，而这种将来存在在与过去之物的争辩中为它自身下了决心。本真的历史性存在不是当前的，而是将来存在，后者面对有待展开的过去而把自己带入恰当的冲击准备（Anstoßbereitschaft）之中了。在这种将来存在中，历史学认识进入当前之中，它成为当前之批判（Kritik der Gegenwart）。而且，这种将来存在并不是对即将到来的世代的关照（Sorgen），相反，作为时间性存在的基本方式，它恰恰成了恰当的"变成＝当前"（Gegenwärtig-werden）。只要此在的本真性处于决心的源始性中，则即将到来的世代的这种决心就既不可能被减少也不能被减轻。每一个时代，如果它是在其存

[①] 修正活动（Revidieren）的时间性
它的界限——年纪
修正（Revision）——对展开之可能性的更改
并没有不利于有效性。——作者边注

第四节 时间性与历史性

在的本真性中理解自己的,就都是从"前面"(vorne)开始的。① 它越是源始地能够做到这一点,就越是具有历史性。作为此在的自身阐释,历史学认识必须变成对自己透明的——在此在如何与过去抗争,也即阐释学处境的制订归属于阐释本身的本真实行这回事上。在阐释学处境中,过去之展开的程度和源始性得到了裁定。而且,因为阐释学处境的形成植根于从事研究的此在在多大程度上对自身是透明的(在决心中),所以,这种形成恰恰不能一般地被规定下来。此在之可能性(艺术、宗教、科学)要在相应的历史学学科中得到历史性地理解;依照此在之可能性的各各不同的存在意义,连研究者本身的历史性存在也是各各不同的。基督教的历史不光在材料和处理方式上有异于一种诗歌史,而不如说,各个历史学家的实存(历史性)在其与过去的关系中乃是一种不同的实存②。③

因为此在其存在中自身承荷着一种过去,也就是说,此在是历史性的,所以它也可能是历史学的。④ 而且唯因此,才有非历史学

---

① 而且这恰恰就在其存在的决定性的东西中——在此在之解释中——因而这种回跳(*Rückspringen*)乃是本真的连续性。——作者边注
② 表达与符号史——恰恰败坏了在其不同可能性中的实存论上的历史性的展开。——作者边注
③ 现在可参看鲁道夫·乌格(Rudolf Unger)的根本性沉思,《作为问题史的文学史》(*Literaturgeschichte als Problemgeschichte*),(《哥尼斯堡学者协会著作》(*Schriften der Königsberger gelehrten Gesellschaft*)第一年度第一卷),1924年。第16页上所指的乌格的研究:《赫尔德尔、诺瓦利斯和克莱斯特——从狂飙突进运动到浪漫派的思想与诗歌中的死亡问题演变史研究》(*Herder, Novalis und Kleist. Studien über die Entwicklung des Todesproblems im Denken und Dichten von Sturm und Drang zur Romantik*) 1922年,很遗憾,直到现在还是我所不熟悉和未理解的。——原注
④ 注意此句中的"历史性的"(geschichtlich)与"历史学的"(historisch)之别。——译注

的时代(unhistorische Zeitalter)。后者的时间性存在原初地是由当前化规定的,完全是在照面者的现成在手存在中涌现出来的。

恰当地理解,此在之历史性存在的情形就如同其时间性存在。作为可能性,此在被托付给自由选择以及向来已经达到的追问之源始性。

但如果历史性①共同规定着此在之存在,那么,一种要把这种存在者展开出来的认识就必须是历史学的——如果我们要确保研究工作是适合于其课题的现象内容的。一种此在存在学(Ontologie des Daseins)面临的任务是,根据其存在来阐释这个存在者。但为此,它就需要真正的、从其课题本身中汲取的阐释学处境的形成。对此在之存在特征的提显和阐释必须把此在之为此在置于先行具有(Vorhabe)之中,必须根据其存在来探问如此这般被抓住的东西,并且应当把在此进入视见(Sicht)的存在特征带入适当的概念机制之中。②关于人之存在的传统解释(它说到底还是哲学的基本课题)足以完成这一基本任务吗?实施这一基本任务必须有的研究工作的基本要求,难道是根据其条件而被理解,甚至被把握的吗?撇开个别的变异不谈,现代人类学被化为三个组成部分:1.关于人的古老定义(animal rationale[理性动物])在其中发挥作用,这个定义

---

① 此在的历史性
共同归属于基本现象学分析的阐释学基础。
参看导论部分。——作者边注
② 径直的观看(Hinsehen)
已经具有当前之先行具有——
唯有在这里,我们才能把 φαινομενον[现象、显现者]从它自己内在的阐释历史中发掘出来。——作者边注

第四节 时间性与历史性

即：人是一个具有理性的动物。2. 这个定义一度起源于某个真正的现象发现[①]，作为一个固定的命题，变成了基督教的此在之自身阐释的基础，位格理念就是从这种自身阐释中生长出来的，此后通过康德直到当代都在继续发挥作用。神学人类学的主导思想变成《创世记》第一章第26行的话：καὶ ποιήσωμεν ἄνθροπον κατ' εἰκόνα ἡμετέραν καὶ καθ' ὁμοίωσιν.[我们要照着我们的形象，按着我们的样式造人]。[②]

关于人的阐释取决于其中被设定的上帝理念。但同时，就信仰而言，人已经跌落入他现在的"状态"（Stande）中了。而这种跌落（Gefallensein）意味着一种不可能来自上帝的存在方式。所以，一方面，人作为上帝的创造物是"善的"，但情形却是，人从自身而来具有跌落的可能性。不过，status corruptionis[腐败状态]的设定又建基于各个或多或少源始的关于罪责存在（Sündigsein）的经验，而这种经验本身却植根于上帝关系的源始性或非源始性。在关于位格存在（Personsein）的世俗化的哲学理念中，上帝关系被中性化为一种规范意识和价值意识。3. 如果这种人之整体（如此这般地由身体、灵魂和精神"组成"的人之整体）要经受一种本己的考察，那么，这种考察就要从一种意识事实（cogitationes[思维活动]）的分析中取得自己的基础，从这些意识事实出发，人们就能推进到身体

[①] σῶμα[身体]
ψυχή[灵魂]
πνεῦμα[气息]。——作者边注
[②] 参看《圣经·旧约全书》，香港圣经公会，1989年，第2页。——译注

性以及个人行为和体验那儿。① 是否在这样一种体验分析中内感知相对于外感知的明证性优势就被抓住了或者就被放弃了，是否主要地是认识的"态度"或者情绪的体验被置于分析的课题中，是否意识学说同时在一种唯心论意义上被解释或者以一种"实在论的"位格主义（Personalismus）的方式被理解——所以这些问题都是等而次之的。决定性的依然是：关于这个存在者的存在的问题究竟是否根本上被提了出来或者付诸阙如？而且，如果这个问题付诸阙如，那么，我们就必须理解，这种耽搁植根于何处。现代人类学的方法上的基本态度要追溯到笛卡尔那儿。根据笛卡尔的立场，我们必须说明，为何恰恰在这里，以及在所有后来的意识分析中，存在问题被耽搁掉了。②

但人们首先会以为，正是在 *cogito, sum*［我思，我在］这个基本命题中，ego［自我］的存在必定得到了阐释。在 *sum*［我在］陈述中存在之意义是何种意义？要追问的竟是这个问题吗？不是的。恰恰在这里，存在问题是付诸阙如的。为什么呢？因为在笛卡尔对 res cogitans［思维之物］的理解方式中，这个问题是不可能被提出来的。根据"意识"借以获得论题上的优先地位的方式，我们便可理解这一点了。笛卡尔在哲学基本科学领域里寻求一种 *cognitio certa et evidens*［确定和自明的思维］。这样一种

---

① 意识
中心
参照康德的《人类学》（*Anthropologie*）。——作者边注
② 在下文中，我只以论点形式揭示出我的笛卡尔解释的主要步骤。我在练习课和讲座课中多次传达过这种解释。与中世纪存在学之基础的解释工作相联系的细致公布，只能另择时机了。——原注

scientia［科学］的理想，笛卡尔是从数学中接受下来的，这就是说，他要为 *prima philosophia*［第一哲学］寻求一个 *fundamentum absolutum et simplex*［绝对而简单的基础］。后者必定是在一种 intuitus(experientia)［直观（经验）］中已经给定的，因而是所有进一步的 deductio［演绎、推论］的基础。在这样一种奠基工作中，笛卡尔的认识意图是受对确定性和普遍约束性的忧虑所引导的。认识是 indicare［表明、指向］①；indicium［标志、记号］本身是一种 actus volendi［意愿行为、意愿活动］；但 voluntas［意愿、意志］说的是：propensio in bonum［善的偏好］。indicare［表明、指向］（认识）的 bonum［善］是 verum［真理、真］。然而，满足 regula generalis［普遍规则］的东西才是"真的"：也就是说，在一种 clara et distincta perceptio［清楚明白的知觉］意义上被把握的才是"真的"。②因此，这样一种 perceptio［知觉］的 verum［真理、真］是一种 ens certum［确定存在者］。可见，作为 fundamentum absolutum［绝对基础］，必须找到一个 ens certum et inconcussum［确定而不可动摇的存在者］。服从 regula generalis［普遍规则］的认识的自身阐释无非是说这些。凡不能满足 regula generalis［普遍规则］的东西，任何一个 obscurum［模糊之物］和 relativum［相对之物］，都是对于 assensio［赞同］的 cavendum［回避］，并且沦于 eversio［翻

---

① 为什么？
认识——此在
这种 voluntas［意愿、意志］。
人的存在可能性！——作者边注
② 为什么？——作者边注

转〕。于是，通过他的怀疑观，笛卡尔最后进入终极处境，在其中没有任何满足这个规则的东西留给他了。Manebo obstinate defixus〔我将顽强地持守〕。——笛卡尔坚持他寻求预定的 certum〔确定之物〕的意图。在这种终极处境中出现了 dubitare〔怀疑〕本身。显而易见，dubitare est〔怀疑，则存在〕。但在 dubitare〔怀疑〕中包含着：me dubitare〔怀疑我〕；me dubitare est aliquid〔怀疑我，则有某物存在〕：res cogitans est〔思维之物存在〕：sum〔我在〕。一个 certum〔确定之物〕找到了。certum〔确定之物〕不是 dubitare〔怀疑〕，不是 me esse〔我在、有我〕，而是"me dubitare"est me"esse"〔"怀疑我"，则有我"存在"〕。certum〔确定之物〕是一个 propositio〔命题〕，一种命题有效性（Satzgültigkeit）。① 笛卡尔的基础考察中决定性的东西，乃是从 ens verum〔真实存在者〕向 ens certum〔确定存在者〕的突变。② 这意思是说：笛卡尔并不是想要着眼于其存在来推出某个确定的存在者即意识，并且对这种存在作绝对的规定。他唯一地只寻求一个确定性基础。③ 有一种 veritas〔真

---

① 参看《哲学原理》（*Principia philosophiae*）第一章第49节。在这里，"isque cogitat, non potest non existere dum cogitat"〔那思维者，便不能不在思维同时实存〕被视为 veritates aeternae〔永恒真理〕之一。——原注
② 这种突变的动因何在？——作者边注
③ 而且通过这条弯路，古代存在学为了
cogitatio〔思维〕而被转化
或者说通过所谓的
源始的开端
存在学传统被打碎了。
这个传统坚持下来
哪怕这时候尝试的是某个其他东西。
参看《逻辑学讲座》（*Logik Vorlesung*）〔《全集》第21卷〕。——作者边注

第四节 时间性与历史性

理]符合自始就确定的对这样一个基础的要求,而在这种 veritas[真理]的内容中,关于 res cogitans[思维之物]的某个东西^①得到了陈述——这在存在学上还是次要的。ego[自我]并不处于一种存在学的问题提法的视域中。相反: res cogitans[思维之物](思维)的存在是在中世纪存在学的意义上被理解的。而且只有在此基础上,前述的突变才是可能的。ens[存在者]的意义明确地或者不明确地就是 ens creatum[受造的存在者]的意义。clara et distincta perceptio[清楚明白的知觉]是在 res cogitans[思维之物]中被发现的。这种 perceptio[知觉]是一个"真的"标准,因为 res cogitans[思维之物]是一个 ens[存在物],也即 ens creatum a Deo[受造于上帝的存在者]。但经院哲学的命题却是适用的: omne ens est verum[一切存在者都是真实的],而且,只要 ens[存在者]本身不是 Deus[上帝],则 qua ens creatum a Deo[它是受造于上帝的存在者]。在 verum[真理、真]和 certum[确定之物]的存在意义中包含着 ens creatum[受造的存在者]的存在意义,这一点显示于 verum[真理、真]之对立面的规定中。error[谬误]或者 falsum[错误]乃是 usus non rectus, deficiens a determinatione in bonum[不正确的、出于决断有缺陷的对善的使用]=a libertate[出于自由]=a natura humana[出于人性]=a natura create[出于受造的自然]。falsum[错误]说的是: non esse ens creatum[受造物不存在]。^②

· ① 什么?"sum"[我在]! ——作者边注
② 在《沉思》前面的概要中,笛卡尔关于第四"沉思"道说: In quarta probatur ea omnia, quae clare et distincte percipimus, esse vera: simulque in quo ratio falsitatis consistat explicatur: quae necessario sciri debent tam ad praecedentia firmanda, quam ad

在这里,"存在"(Sein)说的是被制作状态(Hergestelltheit),而且以这种存在意义为引线,甚至上帝(非被制作者)之存在也得到了规定。① 但这个存在概念是希腊存在学的存在概念。只不过它仿佛失了根,变得飘浮不定,也即变得"不言自明的"了。可是,对希腊来说,"存在"(Sein)意味着:可支配状态(Verfügbarkeit)、在场状态(Anwesenheit)。甚至在亚里士多德那里,οὐσία[在场]② 除了术语含义之外,同时依然保持它更具体的、源始的意义,说的是:能够、占有、家室——在场(Anwesen)③,παρουσία[现时在场]即"当前"(Gegenwart)只不过以强化方式复述了οὐσία[在场、实体]的原初的存在学意义。只有通过对这种存在意义的制订,亚里士多德的存在区分才是可理解的;正是亚里士多德从巴门尼德出发,把前面勾勒的希腊存在学带向了真正的基础。而且,如果柏拉图和亚里士多德(两者要做的是同一件事)的存在学研究永远不能再现的终极可能性迫使我们认识到,在这里概念是从实事本身中

---

reliqua intelligenda.[在第四沉思中得到证明,凡是被我们领会得非常清楚、非常分明的东西,都是真的;同时也解释了错误和虚假的理由在于什么地方:这是必须知道的,一方面是为了证实以前的那些真理,一方面也是为了更好地理解以后的那些真理][参看笛卡尔:《第一哲学沉思集》,庞景仁译,商务印书馆,1996年,第12—13页。——中译者按]。在此阐发的真理概念的存在学基础可明见于托马斯·阿奎那的《问题论辩集》(*Quaestiones disputatae*)第一卷(《著作集》,Parm. 编,第九卷,第1页以下)。在此阐发了关于"超越性"(Transzendentien)的学说。关于此点,可参看《论种类的本质》(*de natura generis*)第二章第1节,第十七卷,第8页以下。——原注

① 托马斯·阿奎那:《神学大全》(*Summa theologica*),第一卷第一章第3节。——原注

② 海德格尔一贯主张把亚里士多德的οὐσία(旧译"实体")改译为"在场"(Anwesen)。——译注

③ 为了简约起见,也许只需指出波尼茨(Bonitz)的《亚里士多德的索引》(*Index Aristotelicus*)(《著作集》,I. 贝克尔编,第五卷)544a 6以下。——原注

获取的,那么,他们的存在阐释的阐释学处境也必须得到强调。然而,只要阐释本身构成此在的一种方式,则所谓的阐释学处境就要根据在＝世界＝之中＝存在来规定。此在通常消融于周围世界的日常照料中。在周围世界的有所阐释的谈论(Besprechen)中,世界之存在的一种或多或少明确的意义已然是鲜活生动的了。前面我们把有所照料的消融阐明为有所预期的当前化。此在的"在之中存在"是一种有所照料的让照面,即让世界进入当前之中照面。交道之世界被阐释为在场状态(Anwesenheit)。所以,总是在场的东西,不断地照面的东西,是本真的在场状态——是绝然存在者(das Seiende schlechthin)——天国(Himmel)①。但只要此在首先根据它所照料的东西、它逗留于其中的东西来阐释本己的"在之中存在",那么,同样由此出发,主导性的存在之意义也被看作此在本身的存在阐释了。与世界的交道把世界展示出来。所以,人类此在的这种存在方式乃是最高的存在方式,它让本真的存在者在其非掩盖状态(Unverdecktheit)(ἀ-λήθεια[无—蔽])中照面。ἀληθεύειν[解蔽]②让存在者本身纯粹地从它自身而来在场,它本身就是θεωρεῖν[思考、观看],即βίος θεωρητικός[能思考的动物]的在＝世界＝之中＝存在;研究者的实存因此就被规定为διαγωγή[度日、消遣]——纯粹当前化的寓于……栖留(Verweilen bei)。

据此看来,存在之意义是在作为最切近之照料的周围世界的存

---

① 在其在场状态(κίνησις[运动])中存在的东西——已然在此存在。——作者边注
② 希腊文的 ἀληθεύειν[解蔽]是 ἀλήθεια[无蔽、真理]的动词形式。——译注

在者身上得到解读的。① 如此这般照面着的世界也是"自然",这一点对于这个存在概念的意义来说是没有偏差的。存在的意义因此是根据时间来解释的。当前化在希腊存在学中预先规定着通达存在者(世界)的方式,这种当前化在时间上表露自身为对如此这般照面的存在者的招呼(Ansprechen)。世界之存在学(Ontologie der Welt)本身始终是此在与它在其中存在的世界的一种存在方式(交道方式)。只消这种存在学是这样一个东西,那么,它就还是从对世界有所展示的揭示和阐释的可能性角度,根据被我们当作时间性存在来强调的此在之存在来规定的。

然而,只要时间本身存在,它就是依照占支配地位的存在概念而得到阐释的。但对于第一次对时间作出解释的亚里士多德而言,存在(Sein)意味着:在场状态(当前)。根据这个存在概念,将来就是尚=未=存在(Noch=nicht=sein),过去就是不=再=存在(Nicht=mehr=sein)。对时间现象的各个解释因此成为各个存在学的存在意义据以显露自己的判别式。

在上面关于此在的存在学阐明中,沉沦显示为"在之中存在"的一个基本特征。每一种阐释作为此在之存在方式,也都是由这种存在特征来规定的。一度源始地被获取和被居有的东西,沦于平均的理解状态之中。它变成一个在固定的命题和僵化的概念中继续存活的结果。此在的这种沉沦着的历史性存在显示于它最本己的

---

① 另一方面,甚至"精神"(Geist) θεωρεῖν [思考、观看] 又基于这种时间而作为持续的当前化! 恰恰不是作为自然存在学(Natur ontologie)而可解释的,为的是与之相对立尝试一种精神—意识存在学——只要积极地讲来此在没有真正被看到,就还停留在同一种耽搁中。——作者边注

阐释历史中。①希腊的存在概念变成不言自明的了。这一点在笛卡尔的基本考察的存在学基础上即可明见。res cogitans［思维之物］（思维）的存在意味着现成在手存在（Vorhandensein）。在"sum"［"我在"］陈述中的"存在"的含义意指世界之存在。而且，只要人类学和心理学的方法上的基本态度被笛卡尔或者中世纪存在学引为意识分析，那么，关于人类此在之存在的追问就保持在一种根本的耽搁中，即没有从"实事本身"（Sache selbst）即此在中来获取主导性的存在之意义。

但如果现在的任务乃是在存在学上研究此在，那么，对于这样一种阐释来说，从世界那儿解读出来的存在概念并不能规定阐释学处境。而毋宁说，此在之存在必定被带入先行具有（Vorhabe）之中，以至于连最切近的存在方式，即揭示世界之存在特征的当前化，作为此在的一种存在可能性也变得可理解了。而这一点只有在此在在其完全的存在机制中被阐释为时间性时才可能发生。

不过，在我们本己的此在历史和阐释历史（参照黑格尔《逻辑学》）范围内，希腊存在学的统治地位掩盖了存在学上的此在理解。把后者发掘出来，意思就是，把变得不言自明的、因而其统治地位越来越不可明见的希腊存在学，或者把由希腊存在学贯穿和支配的研究意图拆除掉，从而揭示出它的真正基础。此在之存在学（Ontologie des Daseins）必须作为现象学的解构（phänomenologische Destruktion）而进入这样一种可能性之中，即有可能对流传下来的各个范畴的来源和适恰性作出裁定。这样一来，对现象的积极阐明

---

① 因此解构（*Destruktion*）在现象学中是建构性的。——作者边注

便能赢获稳靠性和连续性。对存在学和逻辑学的现象学解构，乃是一种关于当前的批判，而不是关于希腊存在学的批判。而毋宁说，我们恰恰可以明见希腊存在学的积极倾向，而且把它当作每个此在都在其中存在的世界之存在学而加以适当的居有。作为过去，它在其历史性的潜能中对一个意在[①]理解自身的当前来说变成开放的了。此在之存在学乃是历史学的认识（historisches Erkennen），因为此在具有历史性（Geschichtlichkeit）之基本机制，并且通过这种历史性而在其各自的阐释可能性中得到规定。

---

① 生产性的——
成为将来的！
在重演和将来中
本真的当前——
不是通过进步！——作者边注

时间概念
（1924年演讲）

我们下面的思索涉及到时间。什么是时间？

如果时间是从永恒（Ewigkeit）中获得其意义的，那么，时间就必须从永恒方面来理解。因此，这一探究工作的出发点和道路就被预先规定好了，那就是：从永恒到时间。假如我们有了上述出发点，也就是说，假如我们认识并且充分领会了永恒，那么，这种问题提法就是顺理成章的了。倘若永恒是某种与空洞的永久存在即 ἀεί[永远、永恒]不同的东西，倘若上帝就是永恒，那么，我们起初建议的时间考察方式，只要它并不知道上帝，并不理解对上帝的追问，就必定会处于一种难堪境地之中。如果我们通向上帝的路径是信仰，如果与永恒的交往无非就是这种信仰，那么，哲学将决不会具有永恒性，因而这种永恒决不能在方法上被用作时间讨论的可能角度。这种困境是哲学决不能消除掉的。所以说到底，神学家才是真正的时间问题专家；而且，如果我们的记忆没骗人，神学是从几个方面与时间相关的。

首先，神学讨论作为上帝面前的存在的人类此在（Dasein），讨论与永恒相关的人类此在的时间性存在。上帝本身不需要神学，上帝的实存（Existenz）不是由信仰来论证的。

其次，基督信仰本身应当具有与某种在时间中发生的东西的关联，——正如人们在某个时代听说的那样，关于这个时代的说法是：

它是时间,"因为时间被充满了……"①

哲学家不信仰。如果哲学家来追问时间,那么他就已经下定了决心,要根据时间来理解时间,或者说要根据 ἀεί [永远、永恒] 来理解时间了,这个 ἀεί [永远、永恒] 看起来有如永恒,但其实已经被证明为时间性存在的一个单纯衍生物。

我们下面的探讨并不是神学的。在神学上——各位若要这样理解,那也只好悉听尊便了——关于时间的探讨只可能意味着使关于永恒的问题变得更困难,只可能意味着以正确的方式去准备、并且真正地提出这个问题。不过,本文也不是哲学的,因为它并不要求提供出一种普遍有效的、系统的时间规定,而要追问这一规定,或许就必须回溯到时间背后,进入与其他范畴的联系之中进行追问。

接下来的思索也许属于一种前科学(*Vorwissenschaft*),后者的任务包括:着手探查哲学和科学、此在关于它自身和世界的阐释性言谈最终可能意味着什么。如果我们弄清楚了一个时钟是什么,那么,在物理学中存活的把握方式因此就变得活生生的了,时间借以获得自行显示之机会的方式也因此变得栩栩如生了。这种前科学,我们这种考察活动于其中的前科学,乃乞灵于一个也许不免任性的预设,即:哲学和科学是在概念中活动的。这种前科学的可能性就在于:每个研究者都要弄清楚他理解什么和他不理解什么。它告诉我们,一种研究何时专注于自己的事情——抑或是靠一种传统的陈

---

① 《加拉太书》(Galatians) 4:4;参看《马可福音》(Mark) 1:15;此外可参看《以弗所书》(Ephesians) 1:9-10。——原注

词滥调为生。此类探查可以说是科学进程中的警察职能,正如有些人所以为的那样,是一种虽然从属性的、但有时又迫切需要的行当。此类探查与哲学的关系只是跟着跑的关系,以便偶尔翻翻古人的家当,看看他们到底是如何做的。我们下面的思索只在一点上是与哲学相同的,即:它不是神学。

我们首先要做一个暂时的提示,谈谈日常照面的时间,谈谈自然时间和世界时间。在当代,关于什么是时间这个问题的兴趣又被重新唤起了,这是由于物理学研究的进展,表现在它对我们这里实施的把握和规定的基本原理所做的沉思:在某个时空参照系中对自然的测量。这种研究的现状在爱因斯坦的相对论中得到了确立。其中的几个定律是:空间本身是虚无的;没有绝对的空间。空间仅仅通过它所包含的物体和能量才实存。(一个古老的亚里士多德定律:)时间也是虚无的。时间之持存只是由于在其中发生的事件。没有绝对的时间,也没有绝对的同时性。[①]——人们看到了这一理论的破坏性,容易忽视它的积极性,即:它恰恰与任意的转换相对,证明了那些描述自然过程的方程式的恒定性。

时间就是事件在其中发生的东西。[②] 在论及自然存在物之存在

[①] 参看阿尔伯特·爱因斯坦:《广义相对论基础》(*Die Grundlage der allgemeinen Relativitätstheorie*),载《物理学年刊》(*Annalen der Physik*),第四十九卷,莱比锡,1916年;亦参看爱因斯坦:《论狭义相对论和广义相对论》(*Über die spezielle und allgemeine Relativitätstheorie*),同上,第7期,布伦瑞克,1920年,第90页以下和第95页以下;最后参看爱因斯坦:《相对论四讲》(*Vier Vorlesungen über Relativitätstheorie*),布伦瑞克,1922年,第2页。——原注

[②] 参看亚里士多德:《物理学》,第四卷,第11章,219a以下。——原注

的基本方式（亦即变化、位移和运动）时，亚里士多德早就看到了这一点：ἐπεὶ οὖν κίνησις, ἀνάγκη τῆς κινήσεύς τι εἶναι αὐτόν[既然它不是运动，就必然是运动的什么]。① 因为时间本身不是运动，所以它必定以某种方式与运动相关。时间首先是在变化的存在者中照面的；变化是在时间中的变化。在这种照面方式中，也即作为变化之物的何所在（Worin），时间是作为什么东西出现的呢？在这里，时间作为它自身是在它所是的东西中给出自己的吗？这里开始的关于时间的阐明能够保证这样一点，即：时间因此仿佛提供出那些于其本己的存在中规定着时间的基本现象么？或者，对这些现象之根据的探究把我们指引到其他某种东西上了？

时间是作为什么东西与物理学家照面的呢？物理学家对时间的规定和把握具有测量的特征。测量指示出多长、何时、从何时到何时。一只时钟显示着时间。时钟是一个物理系统，假定这个物理系统不会在外在影响下发生变化，那么，在这个系统上就不断地重复着相同的时间序列。这种重复是循环的。每个周期都具有相同的时间延续。时钟给出一种不断重复的相同延续，人们总是能够回头抓住这些延续。对这种延续的时间段的划分是任意的。时钟测量出时间，因为我们把某个事件的延续期限与时钟上的相同序列相比较，并且由此在数字上规定其多少。

关于时间，我们从时钟上经验到了什么呢？时间是某种东西，在其中可以任意地固定一个现在点（Jetztpunkt），使得两个不同的时间点总是一个在先一个在后。在此，时间的无论哪个现在点都并

---

① 参看亚里士多德：《物理学》，第四卷，第 11 章，219a9-10。——原注

不优先于其他现在点。作为现在，它可能是比后一个现在点更早的点；作为后一个现在点，它是更早一个现在点的后一个点。这种时间完全是相同的、均匀的。唯因为时间被构造为均匀的东西，它才是可测量的。于是，时间乃是一种滚动，这种滚动的阶段处于早与晚的相互关系中。每一种早与晚都可以根据一种现在来确定，而现在本身却是任意的。如果我们带着一个时钟走向某个事件，它就会使这个事件变得清楚明了，但人们更多地是着眼于此事件在"现在"中的展开，而较少考虑到它延续的多少。时钟向来做的初始规定并不是对当前流逝着的时间的长短和多少的报告，而是对现在的当下确定。当我看时钟时，我要说的第一件事情是："现在是9点；30分钟过去了；再过3个小时就12点了。"

我在时钟上看到的这个现在时间，这个现在是什么呢？现在就是我做此事的时候；现在譬如这里灯光熄灭的时候。什么是现在（das Jetzt）呢？我支配着现在吗？我是现在吗？其他每一个人都是现在吗？倘若是这样，则时间其实或许就是我自己，而每个他人或许就都是时间。而且在我们的共同性（Miteinander）中，我们或许就是时间——每个人都是，没有一个人是。我是现在吗，或者是言说这个现在的人？用还是没用明确的时钟？现在，在傍晚，在早晨，在夜晚，在今天：我们在此碰到一个时钟，它是人类此在向来已经获得的一个时钟，是昼夜交替的自然时钟。

人类此在在全部怀表和日晷仪之前就已经为自己装备了时钟，这是怎么回事呢？难道是我支配着时间之存在，而且也在现在中意指我自己吗？我自己就是现在，我的此在就是时间吗？或者，说到底是时间本身在我们身上装配了时钟？奥古斯丁在其《忏悔录》第十一卷中一直追问这样一个问题：精神本身是否就是时间？而且，奥古斯丁一任问题停留于此。"In te, anime meus, tempora metior; noli mihi obstrepere: quod est; noli tibi obstrepere turbis affectionum tuarum. In te, inquam, tempora metior; affectionem quam res praetereuntes in te faciunt, et cum illae praeterierint manet, ipsam metior praesentem, non eas quae praeterierunt ut fieret; ipsam metior, cum tempora metior."①［"我的精神啊，我是在你里面度量时间；我测量你，故我测量时间。请不要用这样的问题来阻拦我：这到底是怎么回事？不要用一个错误的问题使我与你失之交臂。不要为那些可能与你相关涉的东西搞昏了头脑，使你走不上自己的道路。我再说一次，我是在你里面测量时间。瞬息即逝的照面事物把你带进一种处身情态之中，当那些事物消失以后，这种处身状态依然存在。我在当前的此在中测量这种处身情态，而不去测量首先使这种处身情态得以产生的瞬息即逝的那些事物。我再重复一次，我在测量时间时，我就是在测量我自己的处身"。]②

112   如果此在是指那个存在者，即其存在为我们（作为人类生命）所认识的那个存在者，那么，对什么是时间的追问就已经把我们的

---

① 奥古斯丁：《忏悔录》，第十一卷，第27章，见36卷本《圣奥古斯丁全集》(Sancti Aurelii Augustini opera omnia)，经鲁汶神学家们审定，米涅主编之最新增补扩充版，巴黎，1841年，卷一(post Lovaniensium theologorum recensionem. Editio novissima, emendata et auctior, accurante Migne. Parisiis 1841. Tomus I)，第823页以下。——原注

② 值得注意的是，海德格尔在此对奥古斯丁的这段话作了自己的独特翻译，主要是其中的 affectio，一般译为"印象"，海德格尔则译之为"处身情态"(Befindlichkeit)。中译文可参看奥古斯丁：《忏悔录》，商务印书馆，1987年，第254—255页。——译注

探究引向了此在；这个存在者在其存在的各自性（Jeweilikeit）中，①它是我们每个人所是的存在者，是我们每个人在"我是"（ich bin）这一基本陈述中碰到的存在者。"我是"这一陈述是关于具有人类此在之特征的存在的本真陈述。这个存在者在其各自性中作为我的存在者而存在。

然而，为了与此在碰面，还需要这种过于繁琐的思索吗？指出意识行为、灵魂过程都在时间中存在，——即使这些行为针对某种本身并非由时间来规定的东西，这还不够吗？这是一条弯路。但时间问题的关键是要获得这样一个答案，即时间性存在的各种不同方式由之而变得可理解了；而且关键还在于，使在时间中存在的东西与本真的时间性之间的可能联系自始就变得一目了然。

迄今为止，人们长期以来熟悉和谈论的自然时间（Naturzeit）已经为时间之阐明提供了一个基地。倘若人的存在在一种别具一格的意义上在时间中存在，以至于我们能够从中解读出什么是时间，那么，我们就必须根据其存在的基本规定性，把这种此在的特性刻划出来。实际上，情形恰恰一定是，得到正确理解的时间性存在乃是着眼于其存在的关于此在的基本陈述。但即使这样，在此也需要一种关于此在本身的若干基本结构的先行显示（Anzeige）。

1. 此在是这样一个存在者，它的特性被刻划为"在世界之中存在"（In-der-Welt-sein）。人类生命不是某个主体，不是一个为了进

---

① 在此我们把 Jeweiligkeit 译为"各自性"。英译本作 specificity，参看英译本，《时间概念》，威廉·麦克尼尔（William McNeill）译，牛津，1992 年，第 6 页。——译注

入世界而必须搞出某种特技的主体。此在作为"在世界之中存在"意谓：以这样的方式在世界之中存在，即这种存在意味着与世界打交道；寓于世界而栖留，以一种办理、操办、完成的方式，但也以沉思、探究、有所沉思和有所比较的规定的方式。这种"在世界之中存在"被刻划为照料（*Besorgen*）。

2. 与此一体地，作为这种在世界之中存在，此在就是杂然—共同—存在（Mit-einander-sein），与他人一道存在：与他人一起在此拥有这同一个世界，以互为—共同—存在（Für-einander-sein）的方式相互照面，杂然共在。但对他人来说，这种此在同时也是现成在手存在（Vorhandensein），也就是说，它就像一块石头在此存在，既不拥有也不照料一个世界。

3. 在世界之中杂然共在，即作为杂然共同（Miteinander）而拥有世界，具有一种别具一格的存在规定。世界之此在的基本方式，即杂然共同在此拥有世界的此在的基本方式，乃是言说（*Sprechen*）。全面看，言说乃是：在与某个他人一道关于某物进行言说之际说出自己①。人的"在世界之中存在"主要是在言说中发生的。亚里士多德早就知道了这一点。在其世界中的此在如何言说他与其世界的交道方式，这其中已经一道给出了此在的自身阐释。它陈述的是，此在各自把自己理解为什么，此在把自己当作什么。在杂然共同言说中，在人们如此这般四处传说的东西中，向来就有停留于这种对话（Gespräch）中的当前之自身阐释。

4. 此在是一个把自己规定为"我是"（Ich bin）的存在者。对此

---

① 德语原文为：sich *aus*sprechendes mit einem Anderen *über* etwas Sprechen。——译注

在来说,"我是"的各自性(*Jeweilikeit*)是构成性的。也就是说,正如此在是"在世界之中存在",此在同样原初地是我的此在。此在向来是本己的此在,并且作为本己的此在是各自的此在。如果说这个存在者要在其存在特性方面得到规定,那么,我们就不能从向来属我的各自性中来抽象。Mea res agitur[我就是与我相关的东西]。因此,所有的基本特性必定汇集于向来属我的各自性中。

5. 只要此在是我所是的存在者,同时又被规定为杂然—共同—存在,那么,多半而且平均地,我并不是我的此在本身,而是他人;我与他人一道存在,而他人同样也与他人一道存在。在日常状态中,没有人是他自己。他是什么以及他如何是,此即无人:没有人,但所有人杂然共同在一起。所有人都不是他们自己。我们自己在日常状态中是靠着这种"无人"(Niemand)生活的;这种"无人"就是"常人"(das "Man")。常人说,常人听,常人为……而存在,常人照料什么。我的此在的可能性就在这种常人的顽固统治中,而且,从这种平整作用出发,"我是"(Ich bin)才是可能的。"我是"之可能性所是的存在者,本身多半是常人所是的存在者。

6. 如此这般被刻划的存在者是这样一个存在者,它在其日常的和各自的"在世界之中存在"中性命攸关的是自己的存在。正如此在关于自身的表露蕴含于一切关于世界的言说中,一切有所照料的交道也是一种对此在之存在的照料。在某种程度上,我自己就是我所交道的东西,就是我所忙碌的东西,就是我的职业把我紧紧与之连系的东西,而且我的此在也是在其中发生的。围绕此在的关照(*Sorge*)向来已经把存在置于关照中了,正如存在在关于此在的占支配地位的阐释中被熟悉和理解一样。

7. 在日常此在的平均状态中，并不包含任何关于自我（Ich）和自身（Selbst）的反思，但此在却拥有自己。此在处身于自己近旁。在此在平常所交道的东西中，此在遇见自己。

8. 此在不能被证明为一个存在者，甚至也不能被指示出来。与此在的原初关联并不是沉思，而是"它存在"（das "es sein"）。诸如关于自身的言说、自身阐释之类的自身—经验（Sich-erfahren），只不过是此在向来拥有自己的一个确定的、别具一格的方式。在平均状态下，关于此在的阐释是由日常状态来支配的，是由人们以传统方式关于此在和人类生命所发表的意见来支配的，也即是由常人、由传统来支配的。

在对上述存在特性的显示中，一切都服从于下面这样一个前提，即：这个存在者本身能够为一种根据其存在而对之作出阐释的研究活动所获得。这个前提是正确的吗，或者是能够被动摇的？实际上它是能够被动摇的。但这个困难并非由于我们引证了这样一个事实，即：关于此在的心理学沉思导致了一团模糊。一个比人类认识的有限性还要严重得多的困难必须得到揭示，而且我们恰恰在不回避困境的情况下才获得了可能性，得以在其存在的本真状态中把握此在。

此在的本真状态就是构成其极端的存在可能性的东西。通过这一极端的此在之可能性，此在原初地得到了规定。作为此在之存在的极端可能性，本真状态乃是这样一种存在规定，在其中，我们前述的全部特性才成其所是。此在之把握的困境并非基于认识能力的有限性、不可靠性和不完满性，而倒是在于我们要认识的存在者本身,即:在其存在的一种基本可能性中。

我们此外也指出了这样一个规定:此在是由其各自性(Jeweiligkeit)规定的;只要此在是它可能是的东西,此在向来都是我的此在。对于这种存在来说,这个规定是普遍的、构成性的。谁要是把这个规定一笔勾销了,他就失去了自己所讨论的课题。

但是,在这个存在者达到终结之前,它该如何在其存在方面被认识呢?说到底,我与我的此在一道始终还在途中。此在总是某种尚未结束的东西。如果它达到了终点,它恰恰就不再存在了。在这个终点之前,此在决不本真地是它可能是的东西;而如果它是它可能是的东西,那么它就不再存在了。

他人的此在不能替代本真意义上的此在吗?有关那些曾经与我在一起、并且已经达到终点的他人之此在的消息是一种坏消息。一方面,这种此在不再存在。它的终点或许就是虚无(das Nichts)。因此之故,如果我们可以把各自性确定为我的各自性,那么,他人的此在就不能替代本真意义上的此在。我决不能以源始的方式、以唯一适当地拥有此在的方式拥有他人的此在;我从来都不是他人。

人们越是不急于不知不觉地逃离这种困境,人们越是长久地忍受这种困境,也就会越清楚地看到:在给此在带来这种困难的东西中,此在在其极端的可能性中显示自己。我的此在的终点,即我的死亡,并不是使一个过程联系一下子在那里中断的某个东西,而是此在以这样或者那样的方式知道的一种可能性:它本身的极端可能性,它能够抓住这种极端可能性,能够把后者当作悬临的可能性而居有之。此在于自身中就具有这样一种可能性,即:与它的死亡——作为它自身的极端可能性——相遇。这种极端的存在可能性具有确知地悬临(Bevorstehen)之特征,而这种确知性(Gewissheit)本身是通过一种完全的不确定性(Unbestimmtheit)而获得特性之刻划的。此在之自身阐释超出其他每一个对确知性和本真性的陈述;这种自身阐释乃是根据其死亡而做的阐释,而死亡即"向终点存在"(das Zu-Ende-sein)的最本己可能性的不确定的确知性。

这对我们的问题"什么是时间",特别是对我们的初始问题"什么是在时间中的此在"到底有何意味呢?此在总是在向来我属的各自性中,此在知道它的死亡,即使当它不想知道的时候也如此。什么是"向来具有本己的死亡"呢?那就是此在向它的消逝(das Vorbei)[①]的先行,也即向一种确知地和完全不确定地悬临的它自身的极端可能性的先行。作为人类生命的此在原初地是可能之在,是确知而又不确定的消逝之可能性的存在。

在这里,可能性之存在始终是这样成为可能性的,即这种可能性知道死亡,多半在如下意义上知道死亡:我已然知道死亡,但我不去想死亡。我多半是以畏缩不前的认知方式知道死亡的。作为此在之阐释,这种认知立即就伪装了其存在的这样一种可能性。此在本身有逃避自己的死亡的可能性。

这种消逝(Vorbei),作为我要向之先行的东西,在我的这种向之先行(Vorlaufen)中取得一种发现:它是我的消逝。作为这种消逝,它把我的此在揭示为一下子不再在此;我一下子不再在此寓于这样那样的事情,不再与这样那样的人为伴,不再与这些虚荣、这

[①] 德语副词 vorbei 有"过去、消逝"的时间性意义,海德格尔在此则把它名词化为 das Vorbei(消逝)。英译本作 the past,参看英译本,第 12 页。——译注

些诡计和这种饶舌相关。消逝驱散一切隐秘行径和忙碌钻营，消逝把一切事物与自身一道放进了虚无之中。消逝不是我的此在中的某个事件，某个变故。它就是此在的消逝，不是此在身上发生的某个什么，不是碰到此在、改变此在的某个东西。这种消逝不是一个"什么"（Was），而是一个"如何"（Wie），而且是我的此在的本真的"如何"。我能够向这种消逝——作为我的消逝——先行；这种消逝不是"什么"，而地地道道是我的此在的"如何"。

只要向消逝的先行把这种消逝保持在各自性之"如何"中，此在本身的"如何"就会变得清晰可见。向消逝的先行乃是此在面向其极端可能性的前行；而且，只要这种"向着……前行"（Anlaufen gegen）是严肃的，此在在这种行进中就被抛回到它本身的"依然在此"（Noch-dasein）之中。此即此在返回到他依然是的日常状态中，而且，消逝作为本真的"如何"（Wie）也揭示出日常状态的"如何"，在其繁忙和劳碌中把日常状态放回到"如何"之中。消逝把一切"什么"（Was）、关照（Sorgen）和计划带回到"如何"之中。

这种作为"如何"的"消逝"[①]毫不容情地把此在带入它自身的唯一可能性之中，让此在完全独立自主。这种消逝能够把在其日常状态的庄严性（Herrlichkeit）当中的此在置于阴森可怕之境（Unheimlichkeit）。只要先行把此在之极端可能性保持在他的面前，那么，这种先行就是此在之阐释的基本实行方式。这种先行把此在置身于其中的基本方面（Grundhinsicht）据为己有。它同时显明：

---

① 此处"消逝"原文不是 das Vorbei，而是 Vorbei-von，或许更应译为"从……那里消逝"。——译注

这种存在者的基本范畴就是"如何"(das Wie)。

康德如此这般来规定他的伦理学的基本原理,以至于我们说它是形式的,这恐怕不是偶然的。他也许是从一种与此在本身的亲熟性中知道,此在乃是"如何"。而留给当代先知们的只是,以掩盖这种"如何"的方式来组织此在。

只要此在把自己保持在这种先行之中,那么它就本真地寓于它自身,它是真实地实存的(existent)。这种先行(*Vorlaufen*)无非是本己此在的本真的和唯一的将来。在先行中,此在是它的将来(Zukunft),而且是这样:它在这种将来存在中返回到它的过去(Vergangenheit)和当前(Gegenwart)。在其极端的存在可能性中被把握,此在就是时间本身,而不是在时间之中。如此这般被刻划的将来存在作为时间性存在的本真的"如何",就是此在的存在方式,在这种存在方式中并且从这种存在方式而来,此在给予自己以它的时间。在先行中把我保持在我的消逝那里,我就拥有时间。所有的闲谈,这种闲谈保持于其中的东西,所有的烦躁,所有的劳碌,所有的嘈杂,所有的奔波,都破碎了。"没有时间"意味着:把时间抛入日常糟糕的当前之中。将来存在给予时间,构成当前,并且让过去在它所经历的存在之"如何"中重演。

着眼于时间来看,这意思是说:时间的基本现象乃是将来。为了看到这一点,而不是把它当作有趣的悖论来贩卖,各自的此在就必须保持在它的先行中。于此显而易见,与时间的源始交道方式不是测量。在先行中返回,这本身就是我恰恰逗留于其中的那种照料的"如何"。这种返回决不能变成人们单调地命名的东西、耗尽自身的东西、被用坏的东西。各自性的特性在于,由于先行入本真的时间之中，它各自自为地具有所有的时间。时间决不会变长，因为时间源始地没有长度。如果"向……先行"（Vorlaufen-zu）被理解为关于消逝之"何时"（Wann）和"还有多长"（Wie-lange-noch）的问题，那么，这种"向……先行"就会自行崩溃，因为对在"还有多长"和"何时"意义上的消逝的询问与在前面所刻划的可能性中的消逝根本不着边；这种询问恰恰局限于尚未消逝（Noch-nicht-vorbei），它们忙碌于可能还为我保留下来的东西。这种追问并没有抓住消逝之确知性的不确定性，而恰恰是要规定这种不确定的时间。这种追问是一种摆脱意愿，是要摆脱在其所是中的消逝：即不确定的，以及不确定而确知的。这样一种追问并不是一种向消逝的先行，以至于可以说，它恰恰组织了一种独特的对消逝的逃避。

先行把消逝把捉为每一个瞬间的本真可能性，把捉为现在确知的东西。将来存在作为各自的此在之可能性给出时间，因为它就是时间本身。因此同时也就显而易见，时间的"多少"问题，即"多长"和"何时"的问题——只要将来本真地是时间——，这个问题对于时间来说必然是不合适的。只有当我说：时间本真地没有时间去计算时间，这才是一个合适的陈述。

然而，我们已经把其本身应当是时间的此在了解为用时间进行算计，甚至用时钟测量时间的此在。此在与时钟一起在此，尽管只是最切近和日常的白昼和黑夜的时钟。此在计算和追问时间的多少，因此它从来没有寓于在本真状态中的时间。如此这般追问着"何时"和"多少"之际，此在丧失了它的时间。与这种丧失时间的追问相随的是什么呢？时间归于何方？恰恰就是此在，就是用时间计算、靠手头的时钟过日子的此在，这种用时间计算的此在不停地说："我没有时间"。只要此在本身是时间，则此在因此不就在拿时间所做的事中把自己透露出来了吗？此在丧失时间而又为此购置时钟！这里不是显露出此在的阴森可怕状态么？

对不确定的消逝之"何时"的追问，以及一般地对时间之"多少"的追问，就是关于依然为我保持着的东西、依然作为当前而保持着的东西的追问。把时间带入"多少"之中，这就是说：把时间当作当前之现在(Jetzt der Gegenwart)。对时间之"多少"的追问意味着：投身于对一个当前的"什么"的照料。此在逃避"如何"，并且把自己拴在各自当前的"什么"上。此在就是它所照料的东西；此在就是它的当前。在世界之中照面的一切东西与在现在(Jetzt)中逗留的此在照面；因此，此在与他向来所是、但作为当前而存在的时间本身打照面。

但作为在当前中消融，照料仍然作为关照(Sorge)而寓于一种"尚未"，这种"尚未"首先是在"为之而关照"(Sorge darum)中得到完成的。甚至在其照料的当前中，此在也是全部的时间，而且是这样，即此在并没有脱离将来。这时候，将来乃是关照之所系，不是消逝的本真的将来存在，而是当前本身为自己构成的自己的将来，因为消逝作为本真的将来决不能变成当前的。倘若它是当前的，那它就是虚无(das Nichts)了。关照之所系的将来状态乃是受惠于当前的将来状态。而且，消融于当前世界之现在中的此在根本不愿意承认，它已经从本真的将来状态那里溜走了，它会说，它已经在对人类发展和文化等等的忧心和关照(Sorge)中抓住了将来。

作为有所照料的当前，此在停留于它所照料的东西上。他厌倦了"什么"，厌倦于打发日子。此在成了没有时间的当前存在，对于这种此在来说,时间突然变长了。时间变空虚了,因为此在在追问时间之"多少"时预先已经使时间变长了,而在向消逝的先行中不断返回是决不会变无聊的。此在想在本己当前中不断地碰到新东西。在日常状态中,世界事件(Weltgeschehen)是在时间中、在当前中照面的。日常靠时钟过日子,这就是说:照料不停地返回到现在;而此即是说:现在,从现在到后来,到下一个现在。

被规定为杂然共在的此在同时也意味着:受此在自己给出的居支配地位的阐释所引导,受常人(man)的意见所引导,受时尚、潮流所引导,受所发生的事情所引导:潮流就是没人,时尚就是无人。此在在日常状态中并不是我所是的存在,而毋宁说,此在的日常状态是常人所是的那种存在。因此,此在就是常人在其中杂然共在的时间,即:"常人"—时间("Man"-Zeit)。常人具有的时钟,每一个时钟,都显示着"杂然共同—在—世界—之中—存在"① 的时间。

在历史研究中,我们碰到一些具有重大意义的、但还完全没有弄清楚的现象,诸如世代现象、代际关系现象,以及与此相联系的现象。时钟向我们显示现在,但决没有一个时钟显示将来,也向来没有显示过过去。一切时间测量都意味着:把时间带入"多少"中。如果我用时钟来规定某个事件将来的出现,那么,我指的并不是将来,而不如说,我是在规定直到所说的现在为止我现在要等待的长度。时钟让人获得的时间被视为当前的时间。如果我们试图从自然时间上推出什么是时间,那么,νῦν[现在]就是过去和将来的μέτρον[尺度]。于是,时间就已经被阐释为当前,过去就已经被解

---

① 原文为:Miteinander-in-der-Welt-sein,英译本作 being-with-one-another-in-the-world,参看英译本,第 17 页。——译注

释为不再当前，将来就已经被解释为不确定的尚未当前：过去是不可回复的，将来是不确定的。

因此，日常状态就显露为自然不断在其中照面的那个东西。各种事件在时间中存在，这并不意味着：它们具有时间，而倒是说，它们穿过当前发生出来和在此存在，由此得以照面。这种当前时间（Gegenwartszeit）被阐明为不断通过现在而滚动的流逝序列（Ablaufsfolge）；这种先后相继（Nacheinander）的方向意义被说成是唯一的和不可逆的。一切发生的事件都是从无尽的将来滚动入不可回复的过去。

在上述阐释中具有独特意义的是双重东西：其一是不可逆性，其二是现在点的均质化。

不可逆性（Nicht-Umkehrbarkeit）包含着这种阐明还能从本真的时间中把捉到的东西。这就是从作为时间（作为此在）基本现象的将来状态中剩余下来的东西。这种考察无视于将来而专注于当前，而且从当前出发追随飞逝入过去之中的时间。对在其不可逆性中的时间的规定乃基于这样一个事实：时间先前被颠倒了。

均质化（Homogenisierung）是使时间适应于空间，适应于纯粹的在场；这是一种把全部时间从自身中驱赶入当前之中的趋势。时间完全被数学化了，变成了与空间坐标 x、y、z 并列的坐标 t。时间是不可逆的。这种不可逆性乃是独一无二的特性，时间在其中还能以词语显露出来，抵抗某种最终的数学化。前和后未必就是早和迟，并不是时间性之方式。例如在数列中，3 在 4 之前，8 在 7 之后。但 3 并不因此就比 4 早。数字是没有早或迟的，因为它们根本就不在时间中存在。早和迟乃是一种完全确定的前和后。一旦时间被界定为时钟时间,那就绝无希望达到时间的源始意义了。

但是,时间首先并且多半以此方式被界定,原因就在于此在本身。各自性是构成性的。此在只有作为可能的此在,才是在其本真状态中的我的此在。此在多半在日常状态中在此存在;但日常状态本身作为在将来状态面前易逝的确定的时间性,只有当它与消逝之将来存在的本真时间相对照时,才能得到理解。此在关于时间的说法是从日常状态出发来言说的。系执于其当前的此在说:过去就是消逝,过去是不可回复的。这是日常之当前的过去,这种日常逗留于它的忙碌状态之当前中。因此之故,作为如此这般被规定的当前,此在看不到过去之物。

对在当前中成长的历史的考察只在历史中看到不可回复的忙碌状态,即:发生过的事情。对发生过的事情的考察是永无穷尽的。它迷失在材料中。因为这种历史和当前之时间性根本就不能接近过去,所以它只具有另一种当前。只要当前——也即此在——本身不是历史性的,则过去就依然对这种当前锁闭着。但只要此在是它的可能性,则此在本身就是历史性的。在将来存在中,此在是它的过去;它在"如何"中返回到它的过去。这种返回的方式之一是良知(das Gewissen)。只有"如何"(Wie)是可回复的。过去——被经验为本真的历史性——绝对不是消逝。过去乃是我能够一再向之返回的那个东西。

当今一代人认为,他们已经找到了历史,甚至他们已经不胜历史的重荷。他们为历史主义而悲伤——lucus a non lucendo〔不合逻辑的推理、不通的话〕。某种被称为历史的东西根本就不是历史。根据当前来看,因为一切都消融于历史,所以人们必须重新获得"超历史的东西"(das Übergeschichtliche)。今天的此在已经迷失在当前的伪历史中了，这还不够，它也不得不利用它的时间性（即此在）的最后残余，以便完全从时间、从此在那里偷偷溜走。而且，在这条通往"超历史性"的虚幻道路上，据说人们找到了世界观（Weltanschauung）。（这是构成当前之时间的阴森可怕状态。）

普通的此在阐释冒着相对主义的危险。但对相对主义的畏惧就是对此在的畏惧。作为本真的历史，过去是可以在"如何"(Wie)中回复的。通达历史的可能性植根于这样的一种可能性，任何一种当前向来都是按照这种可能性理解将来存在的。这乃是全部阐释学的第一原理。这一原理关于此在之存在有所言说，而此在就是历史性本身。只要哲学把历史当作方法考察的对象来加以分析，哲学就决不能搞清楚历史是什么。历史之谜就在于：何谓历史性地存在(sein)。

总而言之，时间就是此在(Zeit ist Dasein)。此在是我的各自性(Jeweiligkeit)，而且在向确知而又不确定的消逝的先行中，我的各自性能够成为在将来之物中的各自性。此在始终以一种它可能的时间性存在的方式存在。此在就是时间(Das Dasein ist die Zeit)[①]，时间是时间性的[②]。此在不是时间(Das Dasein ist nicht die Zeit)[③]，而是时间性。因此，时间是时间性的——这个基本陈述乃是最本真的规定；它不是一种同义反复，因为时间性之存在意味着不一样的现

[①] 注意此句与本节第一句所谓"时间就是此在"的语序变化。——译注
[②] 此句原文为：Die Zeit ist zeitlich。类似于同语反复。——译注
[③] 此句又与前句的意义相反。——译注

实性。此在就是它的消逝,是它在向这种消逝先行中的可能性。在这种先行中,我本真地是时间,我拥有时间。只要时间向来都是我的时间,那就会有许多种时间。这种时间①是无意义的;时间是时间性的。

如果时间如此这般地被理解为此在,那么,所谓"时间是真正的 principium individuationis[个体化原理]"这个关于时间的传统说法的意思也就相当清楚了。人们多半把它理解成不可逆的演替,理解成当前时间和自然时间。但是,时间作为本真的时间在何种程度上是个体化原理,也即此在由以在各自性中存在的那个东西呢?在先行的将来存在中,平均地存在的此在成为他自身;在先行中,此在在其唯一的消逝之可能性中,作为它的唯一天命(Schicksal)的唯一这次性(Diesmaligkeit)就变得清晰可见了。这种个体化(Individuation)具有这样一种特性,即在特殊实存(Ausnahmeexistenzen)的虚幻形成意义上不让一种个体化到来;它压制一切放肆行为。它使所有的人都变得相同,由此来实现个体化。在与死亡的共在中,每个人都被带入每个人都可能同样地是的"如何"中;每个人都被带入这样一种可能性中,与之相关,没有人是别具一格的;每个人都被带入一切"什么"都在其中灰飞烟灭的"如何"中。

最后,让我们考查一下历史性和重演②的可能性。亚里士多德

---

① 此处"这种时间"(*Die Zeit*)英译本作:Time itself(时间本身),参看英译本,第 21 页。——译注

② 原文为 wiederholen,或可译为"重复"。——译注

常常在他的著作中强调：至关重要的是正确的 $παιδεία$[教育、教化]，那是某件事情上的源始保证，它起于与这件事情本身的亲熟性，是对这件事情的适当处理方式的保证。为了应合我们的主题的存在特征，我们必须时间性地谈论时间。我们想要时间性地重演"什么是时间"这个问题。时间就是"如何"。如果我们追问什么是时间，那么我们就不能匆忙地依恋于一个答案（时间是这个那个），因为这种答案总是意味着一个"什么"。

125 且让我们勿盯着答案，而是去重演问题。这个问题发生了什么情况呢？它发生了变化。"什么是时间？"这个问题变成了"谁是时间？"这样一个问题。更确切的问法：我们本身是时间吗？抑或还更确切地：我就是我的时间吗？这样我就能最切近地走向时间，而且，如果我正确地理解了这个问题，我会非常严肃地对待之。所以，这种追问就是通达和对待向来我属的时间的最适当方式。于是，此在或许是成问题的存在（Fraglichsein）。

编 者 后 记

这里端出的《全集》第64卷（为《全集》第三部分之开始）包含迄今未出版的论著《时间概念》（作于1924年）以及演讲《时间概念》，后者乃是海德格尔根据同名论著，于1924年7月25日在马堡神学家协会做的，于1989年（时值海德格尔一百周年诞辰）经哈特姆特·蒂特延（Hartmut Tietjen）编辑，由马克斯·尼迈耶出版社出版。演讲文本与论著相结合，在第64卷中以不变的形式重新付印。在论著第三节"此在与时间性"的脚注1中，海德格尔提到了这个马堡演讲，并且引用了它开头的引导句子。

论著《时间概念》的编辑基于一份手写誊清稿，后者是艾尔弗里德·海德格尔女士[①]在论著文本完成后立即制作的。至于海德格尔手稿（原稿），我们在遗物中只看到第三节"此在与时间性"的照相底片。这节文字的用打字机打出来的副本可见于汉娜·阿伦特（Hannah Arendt）的遗物中。把照相底片与手写誊清稿的相应文本作对比，就可以看到，海德格尔为誊清稿做了若干小小的简化。手写誊清稿是在四开本的划线页面上进行的。每个页面右面都有一个用铅笔划的3.5厘米的留边，用于边注、补充或者文本修订。誊

---

① 马丁·海德格尔夫人 Elfride Heidegger。——译注

清稿编码为第1—76页；在第51—52页之间，夹有第51a页；独立的评注部分是由第1—4页、第4a—4c页、第5—7页组成的。誊清稿文本中偶尔有海德格尔亲笔做的轻微加工。这种加工也包括几处删除。

128　　全书一共有194个作者边注，估计它们作于1924—1925年间，其时海德格尔正在起草《存在与时间》一书。这些"作者边注"一般记在右侧页边上，但偶尔也插在连续文本的行列之间。

在第5页上半页的右侧页边上，海德格尔记下一句："第5—10页化为《存在与时间》第77节了"。第5页的下半页、第6—9页以及第10页的上半页，海德格尔把它们从手写誊清稿中切掉了，或者说分离开来了，把它们插入《存在与时间》手稿第77节中了。在单行本中是第399—403页，在《全集》第二卷中则是第527—532页。这就意味着，第1—5段以及最后两段第13和第14段，是在起草《存在与时间》的过程中根据《存在与时间》第77节来撰写的，而中间部分即第6—12段则是从1924年的论著中原封不动地接受下来的。

根据1973年9月为全集版所做的一个决定，海德格尔授权我——他当时的助手、现在的编者——来处理手写誊清稿的第一个机打副本。以这个副本和手写誊清稿为基础，编者对付排稿件作了编辑加工。在少数情形下，第三节的手写誊清稿中估计有一个誊写错误，照片底片可证实这种估计。在制订付印稿件时，写法是从手写誊清稿中原封不动采纳下来的。相反，"通信往来"的引文写法则对照了原件。偶尔出现的错写自然给予订正。一些缺失的标点符号也予以补上了。文本中所有重点号在付印时均以斜体字标示。①

---

①　在中译本中则以重点号标示。——译注

用阿拉伯数字标识的脚注①，是海德格尔为当时准备的付印本所撰写的、有正式构造的书目和内容注释，现在原封不动地采自手写誊清。就像在《存在与时间》中，书目说明在这里也显示出简明的、但对于读者来说可理解的形式。

全书194个作者边注，主要是用细铅笔写下的，但偶尔也用尖墨水笔、少数情况下用宽颜色笔写的，它们逐章逐段地用阿拉伯数字标出，为区别于作者原注的数字，我们在作者边注上加了圆括号。②第四节有一个长长的作者边注(1)，可见于手写誊清稿第63页的背面。作者边注的写法和标点，同样也以海德格尔给出的形态，原封不动地作为脚注呈现，只是消除了一些非通常的缩写。

1924年的演讲《时间概念》出版于1989年，这个文本是以两个不同的、但内容很大程度上一致的抄本(笔记)为基础的，不知道记录者是谁。演讲的原稿在遗物中未找到。只有演讲的引言通过论著第三节的第一个注释，以手稿形式为我们保留下来了。如果我们把海德格尔引用的引言文本与两个抄本的相应文字相对照，我们就会发现若干细小的偏差，它们也可追溯到脱离手写文本的口头演讲。关于演讲与论著的内容上的关系，演讲单行本第29—32页上的后记已经作了通报。

促动海德格尔撰写《时间概念》这本论著的，是威廉姆·狄尔泰与保罗·约克·冯·瓦滕堡之间的通信集的出版(1923年)，海德格尔本人在论著开头已经表明此点。论著的发表单位也已经计

---

① 在中译本中用"原注"标示。——译注
② 在中译本中均以"作者边注"加以标示。——译注

130 划好了，是由保罗·克鲁克霍恩(Paul Kluckhohn)和艾里希·罗特哈克(Erich Rothacker)刚刚创立和编辑的《德国文学科学和精神史季刊》(Duetsche Vierteljahresschrift für Literaturwissenschaft und Geistesgeschichte)，拟于1925年刊出。有关论著的动因，有关论著发表的计划以及最后推动海德格尔把已经寄给编辑部的手稿撤回来的原因，海德格尔与艾里希·罗特哈克于1923年12月至1924年11月之间的通信给出了答复[①]，我们这里当作摘要说的复述。在1923年12月15日从马堡寄给罗特哈克的信中，海德格尔写道："我听说狄尔泰书信集马上要面世了。如果您认为合适，我乐意在您的相关杂志上发表我关于狄尔泰的工作的基本思考。我以为，当今的狄尔泰研究风尚，是要直接放弃狄尔泰著作中关键性的东西。如果您还不曾把您的杂志样书发出去，我请求您为上述目的赠我一册。"(第200页)接着，在1924年1月4日的信中，海德格尔写道："感谢您寄送《狄[尔泰]—约[克]通信集》。我在圣诞日收到这本样书，而[且]首先匆匆地浏览过一遍了。对于单纯的记录来说，这些东西太重要了。而且。当我向您要一本样书时，我已经下了决心，要利用这个机会来发表自己关于狄尔泰的基本看法。"(第202页)在同一封信的稍后位置，海德格尔发表了关

[①] 这些书信由斯多克(J.W.Storck)和克西尔(Th. Kisiel)编辑，《马丁·海德格尔与〈德意志文学科学与精神史季刊〉的开端——一个文献汇编》(*Martin Heidegger und die Anfänge der »Deutschen Vierteljahrsschrift für Literaturwissenschaft und Geistesgeschichte« Eine Dokumentation*)，载《狄尔泰——哲学和精神科学史年鉴》(*Dilthey-Jahrbuch für Philosophie und Geschichte der Geistewissenschaft*)，弗里特乔夫·罗迪(Frithjof Rodi)编，第8卷/1992—1993年。凡登霍克和鲁佩雷希特出版社，哥廷根，第181—225页。——编注

于通信集的内容的意见:"令人吃惊的是约克伯爵在所有原则性的哲[学]问题上的卓越性;他是本着直觉超越其时代半个世纪。他显而易见地促使狄尔泰进入一个方向,这个方向就是我在自己在狄尔泰讲座中所做的狄尔泰描述强调的方向,用的是一个注释,指出:狄[尔泰]从未到此地步。尽管如此,约克同样缺失概念性的可能性以[及]创造这种可能性的道路。在诸如[']哲思乃是历史学的思考[']意义上的评论是更直觉性的,但需要适当的透明性——以[及]在此才开始出现困难了。"(第203页)在1924年9月21日的信中,海德格尔告知:"到10月底您定能收到我的论著。书名:《时间概念》。(关[于]《狄[尔泰]—约[克]通信集》的评注)。我已经从这[本]通信集中选取'历史性'之核心问题,并[且]寻求通过实际的探讨使之成为可理解的。这种探讨只可能具有系统的—历史学上的特征。文章约四个印张多点。我想借此同时为自己关于中世[纪]存在[学]以[及]人类[学]的论著提供一个基础,相信您定能收到这部论著。"(第207页)在1924年11月2日,海德格尔通知罗特哈克:"稿[子]明天(11月3日)挂号寄给您。我不得不缩短了第四节——所以拖延了。"(第212页)在1924年11月6日致卡尔·洛维特的一封信中,海德格尔写道:"如果这篇文章一月份出来,您会收到一个校样。遗憾的是我不得不删除一些重要的内容,尤其是'形[式]显示'①,后者对于一种最终的理解来说是不可或缺的——我在这方面用力甚多。"(第214页)罗特哈克请求海

---

① "形式显示"原文为 formale Anzeige,是海德格尔在早期弗莱堡讲座时期尝试的现象学方法,对他的胡塞尔现象学的一次突破,对于早期海德格尔哲思具有方法上的标志性意义。——译注

德格尔把论著缩短，以便发表；对此请求，海德格尔于 1924 年 11 月 18 日回复："我不清楚该怎么缩短之。我已经把最后一节做到如此克制，以至于冲击性的笛卡[尔]阐释的主要部分，所有证明，都已经被略掉了——有些词句是在校样中去掉的，但同样是必要的，也许是要加强的。如果我没有完全自由的可能性，就像我在最后的校对时能够做到的那样来发表这篇文章，那么，我看我就不得不把它撤回了。"（第 218 页）这封信的结尾处，海德格尔写道："如果您由于顾及克鲁克霍恩（这是完全可以理解[的]）而不能给我一个许诺，保证我在校对时除了 2—3 页修正之外拥有足够的版面，那么我无论如何是要撤回这篇文章了。"（第 218 页）在 1924 年 12 月 17 日致卡尔·洛维特的一封信中，海德格尔写道："我的《时间》对罗特[哈克]来说是太长了（5 个印[张]），略作扩充后将在《年[鉴]》上发表。一月底开始印刷。"（第 220 页）后来，这里所预告的发表并没有发生，取代之后的是 1927 年 4 月发表的《存在与时间》，刊载于《哲学与现象学研究年鉴》第 8 卷。《存在与时间》的写作是从 1926 年 4 月开始的。

在论著第一个句子中，海德格尔谈到"暂时公布下面关于时间的探究"。所谓"暂时公布"指示着生成中的代表作《存在与时间》，而论著《时间概念》是与之紧密联系的。第一节"狄尔泰的问题提法与约克的基本倾向"是献给《书信集》本身的，而第二节"此在的源始存在特征"对应于《存在与时间》第一篇"准备性的此在基本分析"。第三节"此在与时间性"有着与《存在与时间》第二篇相同的标题。但由于论著是从狄尔泰—约克的书信集出发的，在其中历史性问题处于中心地位，所以，论著最后第四节被冠以"时间性与历史性"的标题,这个标题也是《存在与时间》第二篇第五章的标题。因此,《时间概念》这部论著包含着《存在与时间》的基本轮廓。作为这样一个基本轮廓,它也包括了《存在与时间》第三篇的论题,因为在论著本来被简化的第四节最后几页上提到了根据时间来阐释存在之意义。因为最后也明确地述及对存在学历史的现象学解构,也就是《存在与时间》第二部的问题提法,所以,我们有充分的理由,把1924年的《时间概念》这部论著标识为《存在与时间》的初稿。 133

*

衷心感谢海氏遗物管理人赫尔曼·海德格尔博士(Dr. Hermann Heidegger)以及哈特姆特·蒂特延博士(Dr. Hartmut Tietjen),他们根据手写样本对付排稿件作了校对。对以加贝尔斯贝格尔速记方式写下的作者边注的解读,要归功于瓦尔特·比梅尔教授(Prof. Dr. Walter Biemel)和居伊·封·凯克霍温教授(Prof. Dr. Guy van Kerckhoven),为此我要对两位先生表示由衷的感谢。对于手写誊清稿中特别难以辨认的铅笔写的作者边注的修订复印件,我从心底里感谢马尔巴赫德意志文学档案馆的乌里希·比罗夫博士(Dr. Ulrich v. Bülow)。感谢米歇尔·贝希特博士(Dr. Michael Becht),他帮助我在弗莱堡大学图书馆书库里寻找相关的书目。最后为了共同校勘工作,我要衷心感谢彼得·鲁克特谢尔博士(Dr. Peter v. Ruckteschell)和哈特姆特·蒂特延博士。

冯·海尔曼
2004年6月于弗莱堡

译 后 记

《时间概念》是德国思想家马丁·海德格尔(Martin Heidegger, 1889—1976年)的一本小书,由两个文本组成,其一是海德格尔作于1924年的论著《时间概念》,当时计划在《德国文学科学和精神史季刊》上发表,但因篇幅过长(译成中文大概有八九万字),或者还有其他方面的原因,最终未能刊出,故这部论著在作者生前一直未公开过;其二是作者于1924年7月25日在马堡神学家协会上做的同名演讲《时间概念》,后由哈特姆特·蒂特延博士(Hartmut Tietjen)编辑,1989年在马克斯·尼迈耶出版社出版。《海德格尔全集》主编弗里德里希-威廉姆·冯·海尔曼先生(Friedrich-Wilhelm v. Herrmann)亲自执编本卷,把这两个文本集在一起,编成《全集》第64卷,于2004年出版。

应该说,上述两个同名文本,无论是论著《时间概念》还是演讲《时间概念》,都算得上海德格尔的成熟文本,特别是因为这部作者想发表而未成功的论著《时间概念》,被认为是《存在与时间》的"初稿"或"原稿"(Urfassung)。之所以可以这么说,是因为论著《时间概念》勾勒出了《存在与时间》的基本框架。这部论著《时间概念》的第二节"此在的源始存在特征"对应于《存在与时间》的第一篇"准备性的此在基础分析";第三节"此在与时间性"对应于《存在与时间》的第二篇，而且就是后者的标题；第四节"时间性与历史性"则是第二篇第五章的标题。至于第一节"狄尔泰的问题提法与约克的基本倾向"，它的部分内容直接构成了《存在与时间》第 77 节。

所以，这本《时间概念》是有特殊重要性的。虽然与《存在与时间》相比较，这个"初稿"无论在结构上还是在表述上都显得比较稚嫩，不像《存在与时间》那样具有结构完整性和成熟老到的表达；但话又要说回来，"初稿"或"原稿"也有自己的优长和好处，比如虽然更少学术上的精准严密性考虑，但是更多语言上的鲜活力量。可以看出，此时的海德格尔刚开启自己的思想道路，思与言的风格还比较粗犷和生猛。

一

就论著《时间概念》的内容而言，除了导论性的第一节"狄尔泰的问题提法与约克的基本倾向"讨论"历史性"概念和"生命"概念，正文第二、三、四节确实对应着《存在与时间》的总体结构，第二节是关于此在在世——"在世界之中存在"——的分析，揭示此在存在的整体性，即"关照"（Sorge，又译"烦"、"操心"等）[①]；第三节讨论此在的时间性意义，从"消逝"——"先行"——"死亡"——

[①] 在《存在与时间》中，此在现象是必然性（被抛）、可能性（筹划）和现实性（沉沦）的统一体，它可以被表述为"先行于自身的—已经在世界中的—作为寓于世内照面的存在者而与他人共在的存在"（ein Sich-vorweg-schon-sein-in-der-Welt als Sein-bei-innerweltlich-begegnendem-Seiendem im Mitsein-mit-anderen），这个整体现象被称为"关照"。参看海德格尔：《存在与时间》，德文版，图宾根，1986 年，第 41 页。

"时间性"这样一个弱论证思路,提出"此在就是时间"的基本结论;第四节从时间性拓展至历史性,揭示此在之存在结构的历史性以及相应的"阐释学处境"。若可以简化,论著《时间概念》正文三节的核心思想无非是如下三个命题:1. 此在就是关照;2. 此在就是时间;3. 此在就是历史。

顾名思义,《时间概念》的主旨是关于时间问题的探讨。从1919年的早期弗莱堡讲座开始,直到1927年出版的《存在与时间》,海德格尔反对传统时间概念,即所谓"自然时间"或"当前时间"概念,开启此在在世的"将来时间"理解。

在演讲《时间概念》中,海德格尔首先设问:何谓哲学地追问时间?他的回答是:要"根据时间来理解时间"(die Zeit aus der Zeit zu verstehen)。这是要与神学区分开来,因为神学的时间追问是从"永恒"(aei)到时间,但永恒即上帝,如何追问之?神学讨论时间,也只能讨论有限此在的时间性以及基督信仰的历史性。如何在哲学上"根据时间来理解时间"呢?海德格尔说不是要为时间下一个普遍的科学定义,而是要进入"前科学"(Vorwissenschaft)层面给出一个"形式显示的定义"。这是海德格尔在早期弗莱堡讲座中形成的现象学的思想态度,把哲学定位于"前理论"或者"前科学",其任务是要"着手探查哲学和科学、此在关于它自身和世界的阐释性言谈最终可能意味着什么"[①]。

[①] 海德格尔:《时间概念》,《全集》第64卷,德文版,美茵法兰克福,2004年,第108页。关于海德格尔在早期弗莱堡时期形成的所谓"形式显示的现象学",在此不能展开讨论,可参看拙文《形式显示的现象学:海德格尔的思想开端》,收入孙周兴《后哲学的哲学问题》,商务印书馆,2009年,第231页以下。

译后记

　　所谓传统时间概念起源于亚里士多德的时间观。海德格尔在《时间概念》中简述了亚里士多德在《物理学》(219b1)中给出的时间定义：τοῦτο γάρ ἐστιν ὁ χρόνος, ἀριθμὸς κινήσεως κατὰ τὸ πρότερον καὶ ὕστερον.［因为时间正是这个——关于前后的运动的数］。"时间就是关于前和后的运动的计量。"[①] 这个时间定义规定了后世的科学时间观。比如中世纪的奥古斯丁在《忏悔录》第11卷提出一个问题：精神本身是否就是时间？而他的回答竟然也是"测量"："我的精神啊，我是在你里面度量时间；我测量你，故我测量时间。……我再重复一次，我在测量时间时，我就是在测量我自己的处身。"（第111页）海德格尔引用了奥古斯丁的这段话，他看到奥古斯丁继承的依然是亚里士多德的时间定义，在后世则被牛顿等物理学家接受和发挥为科学的线性时间观。时间是运动的计量，是"现在之河"，是可测量的。然而海德格尔说："与时间的源始交道方式不是测量。"（第118页）

　　这种传统时间观是自然人类生活世界的时间理解和时间经验，海德格尔清楚地知道这一点，所以才把它称为"自然时间"；"自然时间"实即"现在时间"，因为"如果我们试图从自然时间上推出什么是时间，那么，νῦν［现在］就是过去和将来的μέτρον［尺度］"（第121页）。又因为它是自然生活世界里可计量的时间，所以海德格尔也径直称之为"时钟时间"。但这种时间理解并非本源性的时间经验。海德格尔断言："一旦时间被界定为时钟时间，那就绝无希望达到时间的源始意义了。"（第122页）在《存在与时间》中，海德格尔

---

① 海德格尔：《时间概念》，德文版，第79页。（以下引此书均在文中标出页码）

给出了一个统一的命名,即"现在时间"(Jetztzeit);而在《时间概念》中,海德格尔似乎更愿意称之为"当前时间"(Gegenwartszeit)。海德格尔说:"这种当前时间被阐明为不断通过现在而滚动的流逝序列(Ablaufsfolge);这种先后相继(Nacheinander)的方向意义被说成是唯一的和不可逆的。一切发生的事件都是从无尽的将来滚动入不可回复的过去。"(第121页)

虽然着眼点不尽相同,但海德格尔此时所谓的"自然时间""时钟时间"和"当前时间"等说法其实是同一回事。海德格尔进一步揭示了传统时间观的两个基本特性:一是"不可逆性",二是"均质化"。所谓"不可逆性"(Nicht-Umkehrbarkeit)是传统时间观的基本假设,以海德格尔的批评,传统时间考察"无视于将来而专注于当前,而且从当前出发追随飞逝入过去之中的时间"(第121页)。而所谓"均质化"(Homogenisierung)具有同样重要的意义,海德格尔的完整说法是"现在点(Jetztpunkt)的均质化"。时间直线上的每一个点(即"现在点")都是均匀的和同质的。海德格尔说:"均质化是使时间适应于空间,适应于纯粹的在场;这是一种把全部时间从自身中驱赶入当前之中的趋势。时间完全被数学化了,变成了与空间坐标 x、y、z 并列的坐标 t。时间是不可逆的。"(第121—122页)时间一方面是不可逆的直线运动,另一方面是同质的;而有了直线性和同质性这两个设定,时间才是可测量的。

从海德格尔关于传统时间观的批判出发,我这里还想特别强调两点:其一,传统时间观是着眼于"当前/现在"的线性时间。作为运动的计量,传统时间观是线性一维的"现在时间",即把时间看作一种"现在之流",过去是已经消逝的"现在",将来是尚未到来的

"现在"。其二,线性时间令人绝望。必须看到,传统时间观具有自然性,是自然人类精神表达方式和精神体系(哲学、宗教和艺术)的基础。在线性时间观的支配下,每个人都是"旁观者"和"等死者"。我们在线性的"现在之流"的时间面前旁观"逝者如斯夫",等着生命无可阻挡地流失/消逝。为对付生命的无限流逝,各民族(自然人类)都创造了永恒宗教,要摆脱"线性时间"的不断流失,必须有一个非时间的永恒彼岸,或"天国"或"来世"。

我们看到,对传统线性时间观的批判,是现代哲学的一个开端性的课题,具有突破性意义。在现代哲学史上,尼采是第一个发起这种批判工作的,他在后期的"相同者的永恒轮回"学说中形成了一种以"瞬间—时机"(Augenblick)为核心和基准的循环时间观,并且公然声称"时间本身是一个圆圈"[①]。海德格尔前期发展了尼采的"圆性时间"观,形成一种以将来为指向的此在时间性循环结构。海德格尔在《时间概念》中的思路类似于一种"脑筋急转弯":是的,时间在流逝,处于不断"消逝"(Vorbei)中,但为什么我们不能把"消逝"理解为一种"先行"(Vorlaufen)呢?海德格尔进一步由这种"先行"引出"向死而生",即一种以死亡为实存之终极可能性的时间经验。这就把尼采式的"瞬间—时机"时间观转换成一种以"将来"为核心的时间理解了。

前期海德格尔在时间问题上的思考当然是与尼采相关的,是对尼采哲学的一个继承(尽管海德格尔此时几乎绝口不提尼采)。但两者之间的差异也是显然的:尼采的时间之思着眼于"当下/瞬间",

---

[①] 尼采:《查拉图斯特拉如是说》,孙周兴译,商务印书馆,2010年,第248页。

而海德格尔则着眼于"将来"。由于把"当下/瞬间"理解为一个创造性的时机或契机,尼采在后期哲学中重又转向艺术,可以说是重归艺术,思考"作为艺术的权力意志";而前期海德格尔更重视此在实存经验。但无论是尼采还是海德格尔,这两者都放弃了线性时间观,转而主张时间是圆的——时间是不直的。

后期海德格尔更进一步,思入一种以"瞬间时机之所"为切点的"时-空"观。他所谓的"瞬间时机之所"(Augenblicksstätte, site of the moment)仍然与尼采的"瞬间"时间观相关。海德格尔的思想目标是清晰的:"时间与空间本身乃源自时-空。比起时间与空间本身及其计算性地被表象的联系来,时-空是更为原始的。"[1] 比起主要在科学—技术时代形成的时间和空间观,时间与空间不分的"时-空"(Zeit-Raum)是更为本源性的。不过这是后话,我们这里就不能详加讨论了。

海德格尔为何要专题讨论"时间"概念?因为海德格尔(以及更早的尼采)已经意识到一个由技术决定的新文明和新生活世界的到来,而这种新文明有别于以线性时间观为基础的传统自然人类文明,需要一种新的生命经验,尤其需要一种新的时间经验。特别在早期弗莱堡讲座(1919—1923年)中,海德格尔从胡塞尔现象学出发,关注亚里士多德哲学、原始基督教经验、狄尔泰的生命哲学等,也可能未曾明言地读解了尼采哲学,形成了区别于传统哲学—科学的"现在时间"(线性时间)的基于实存体验的时间概念,从而为他后来的《存在与时间》的写作奠定了基础。

---

[1] 海德格尔:《哲学论稿》,孙周兴译,商务印书馆,2016年,第444页。

二

如前所述，本书是海德格尔前期代表作《存在与时间》的准备稿，其中基本词语的用法是与《存在与时间》基本一致的。我们在翻译时参照了现有的《存在与时间》中译本，而且尽可能尊重现有的译名，不过也有少数几个基本词语的汉译，我们另有考虑和安排，在此需要作特别说明。

一是 Sorge、Besorgen、Fürsorgen。我们在此以"关照"翻译动词 sorgen、动名词 das Sorgen 以及名词 die Sorge，以"照料"译 Besorgen 以及相应的动词，以"照顾"译 Fürsorgen 以及相应的动词。我们这种译法有别于现有的中文翻译。《存在与时间》现有中译本第一版原先依循熊伟先生的译法，把 Sorge、Besorgen、Fürsorgen 依次译为"烦"、"烦忙"、"烦神"，意味蛮好，流传甚广；后来由陈嘉映教授完成的修订译本则改译为"操心"、"操劳"、"操持"，应该说也是有译者的严肃思考的。[①] 人生在世，"操心"是难免的。然而以个人愚见，"操心"还不如"烦"，人生在世，无非一"烦"。不过"烦"这个译名也确实留下了一些遗憾：或过于佛教化，或太多负面意味。德文的 Sorge 一词含义丰富，含有"烦"、"操心"、"忧心"、"烦忧"、"关心"等多重意思，且似乎还以"忧心"和"关心"的意义更显著，要在单一的对应汉语译名中把这些意思都传达出

[①] 参看海德格尔：《存在与时间》，陈嘉映、王庆节译，三联书店，1987 年第一版；修订第二版，商务印书馆，2016 年。

来，固然是极难的。既如此，我会更愿意选择比较字面和中性的翻译立场，故建议以"关照—照料—照顾"来翻译海德格尔的Sorge—Besorgen—Fürsorgen。另外值得一说的是，"关照"是日常汉语中的常用词，即"请多关照啊"，又可以拆分为"关心／关爱"和"照顾／照应"，意思也是不错的。

二是Auslegung（阐释）与Interpretation（诠释）以及Hermeneutik（阐释学）。在我以前的海德格尔、伽达默尔等著作的汉语翻译中，我一直把Auslegung译为"解释"，把Interpretation译为"阐释"，而且想当然地以为，"解释"（Auslegung）对应于"理解"（Verstehen），在海德格尔那里具有实存论（此在阐释学）的意义；而"阐释"（Interpretation）则与"文本"（Text）相关，比较偏于文本。现在我得承认张江教授的呼吁是对的，我们在这些译名的选择和厘定上既需要努力对应外文原文的意义，也需要充分考虑汉语语感。① Auslegung确实是在"理解"（Verstehen）层上使用的，具有"展示、开放"的字面意义，故译成"阐释"似乎更适恰；而Interpretation则是中介性的，按伽达默尔的说法，"诠释"（Interpretation）这个词原本指示着中介关系，指示着不同语言的讲话者之间的中间人的作用，也即翻译者的作用，由此出发，这个词才进一步被赋予对难以理解的文本的解释之意。② 有鉴于此，我考虑把Interpretation译为"诠释"。如果把Auslegung译为"阐释"，

---

① 可特别参看张江:《"阐""诠"辩——阐释的公共性讨论之一》，载《哲学研究》2017年第12期。

② 参看伽达默尔、德里达等:《德法之争：伽达默尔与德里达的对话》，孙周兴等译，商务印书馆，2015年，第16页。

而把 Interpretation 译为"诠释",那么,相关的 Hermeneutik 该怎么译?我们知道关于 Hermeneutik 这门学问,国内的翻译也是混乱,目前至少有四个不同的译名,即"阐释学""诠释学""释义学"和"解释学",而且好像大家都分出一个上下高低,各位学者都采用自己的译法,用得顺顺当当,在交流时也未必有太大的困难和障碍。Hermeneutik 至少涉及"理解"(Verstehen)、"阐释"(Auslegen)和"诠释"(Interpretation)三大主题词,现在译名上的混乱的原因,恐怕部分是由于汉译无法照顾到这三大主题词。仅就"理解"(Verstehen)[①]与"阐释"(Auslegen)的一体性以及"阐释"一词更适合于哲学阐释学和方法阐释学而言,我愿意同意把 Hermeneutik 译为"阐释学"。此外我想暂时保留"解释学"这个译名,不过这是有前提条件的,前提是,我们可以把其中的"解"了解为"理解"之"解",把其中的"释"了解为"阐释"之"释"。

三是 Jeweiligkeit(各自性)。我以前一直把 Jeweiligkeit 一词译成"当下性",现在看来明显是有问题的。在日常德语中,形容词 jeweilig 意为"当下的、各自的"。在海德格尔那里,Jeweiligkeit 既有"当下性"的时间性意义,又有"各自性、个别性"的意思。英译本显然更强调了后面这个意思,故把它译作 specificity(特性、特殊性)。[②] 这个英译虽然也不到位,但至少给了我一个提醒,应该更多地考虑 Jeweiligkeit 的"各自、各个"之义。所以我暂时把它译为"各自性",似也可以考虑译为"各个性"。

---

① 现有中译本把"理解"处理为"领会"和"领悟",使海德格尔的哲学阐释学脱离了。

② 参看马丁·海德格尔:《时间概念》,英译本,第50页。

三

再来说说本书译事。2019年2月至4月，我有机会躲在香港道风山，集中完成两本译著的补译和校订工作，其一是尼采的《快乐的科学》，其二是海德格尔的《时间概念》。前者早就做完了初译稿，但没有时间最后校订，这次基本做完；后者是一个半成品，早就完成一半左右，这次完成了另一半的翻译。这两本书的中译，大概属于我做的最后的翻译工作了。我主编的《海德格尔文集》已出30卷（2018年），今后大概还需要做一些增补工作；我主编的《尼采著作全集》共14卷，迄今已出版5卷，还有一定的工作量。这些都还在进行当中，我以后还会——还不得不——做一些补译和编校工作，但估计不会再承担整书的翻译了。

说实话，最近几年来我对于学术翻译这件事越来越心存疑虑。我当然承认学术翻译意义重大，而且也不是简单的复制和转移工作，而是一项带有创造性的活动。最近几十年的中国学术，要说有什么重大推进，其中恐怕主要是学术翻译的贡献——据统计，当代中国哲学词汇百分之九十以上是译词，可见学术翻译的重要意义了。然而当今时代急速变换，文明进入我所谓的"技术人类文明"时代，翻译这件"文本转换"工作以后主要由机器人（人工智能）来完成了，这件事现在已初露端倪，而且我相信，不远的将来机器翻译将做得更好，超过自然人类的手工活，因为机器人以后会综合众多译者和译本的优势，去芜存菁，做出超越个体的更佳翻译。在翻译这件事上，我们马上会进入一个"过渡阶段"，就是自然人力与机器人合作的阶段，现有的好译本要经过机器人的修订，成为人—机合作的新译本，烂的译本就只好惨遭淘汰了。总之，以我的预计，翻译——哪怕是学术翻译——这个事业已经开始面临一个巨大变局，自然人可做的贡献将越来越小。这在一定程度上已经是事实，我们作为自然人，谁能跟"普遍数理"的大数据和"自我学习"的机器人比呀？

做出上述判断对我来说是极其残忍的，毕竟我一直以学术翻译为重，而且几十年乐此不疲，现在仍然在主编三四套以翻译为重的系列图书（除上述《尼采著作全集》和《海德格尔文集》之外，还有"未来艺术丛书"和"未来哲学丛书"等）。然而，在当今技术统治的世界里，技术碾压个体，个体反抗是必要的，但没用（网络语言好像是："然并卵"），在抵抗中顺势而为才是正道。这大概也算我们古越人（绍兴人）的特点：打不过就跑，边打边跑——反正坐以待毙不是咱的风格。

本书中的论著《时间概念》是我新译的，演讲《时间概念》曾由陈小文博士译成中文，经我校改，收入由我主编的《海德格尔选集》（两卷本，上海三联书店，1996年）；我们当时的译文是根据1989年的德文单行本做的，译和校都比较匆忙，留下不少问题。时隔25年，这次由我根据全集版重新处理一遍，相信现在的译文品质应该更有提高了。

在翻译过程中，译者参考了两个英译本。一是论著《时间概念》的英译本：Martin Heidegger, *The Concept of Time*, trans. by Ingo Farin and Alex Skinner, London/New York 2011。二是演讲《时间概念》的英译本，Martin Heidegger, *The Concept of Time*, trans. by

William McNeill, Oxford 1992。这两个英译本对于我们的中文翻译益处颇多。

2016年冬季学期，我在同济大学人文学院开设了"海德格尔原著选读"课程，选用了本书中的论著《时间概念》作为阅读材料，有十几位同学参加了该课程。课程的推进也促使我展开本书的译事。

感谢香港道风山汉语基督教文化研究所学术总监杨熙楠先生，没有他为我做的安排，本书的译事不知何时才能完成。熙楠兄是我近三十年的老朋友了，在最近一个采访中，记者问我如何评价老友杨熙楠，我说了一句实话："他是个好人，凡是跟他处不好的都不是好人。"这话当时把这位记者吓了一跳。我记在这儿，以见证我们的深厚友谊。

在港逗留期间，友人唐春山先生、姚怡女士以及香港中文大学哲学系的王庆节教授给予热情招待，也是对本书的贡献。译稿中最后剩下几处拉丁文词句的翻译，我请我的同事徐卫翔教授帮忙处理。在此一并致谢。

本书虽然篇幅不大，但表述怪异，行文生涩，并不好译。译文中或有错误，请识者（包括若干年以后可能出现的"机器人朋友"）批评指正。自然人类智力不够，体力趋弱，只能做到这个份上了——（苦笑）。

孙周兴

2019年4月8日记于香港道风山
2020年1月20日再记于日本京都

《现象学原典译丛》已出版书目

胡塞尔系列

现象学的观念
现象学的心理学
内时间意识现象学
被动综合分析
逻辑研究(全两卷)
逻辑学与认识论导论
文章与书评(1890—1910)
哲学作为严格的科学
关于时间意识的贝尔瑙手稿

海德格尔系列

存在与时间
荷尔德林诗的阐释
同一与差异
时间概念史导论
现象学之基本问题
康德《纯粹理性批判》的现象学阐释
论人的自由之本质
形而上学导论
基础概念
时间概念
哲学论稿(从本有而来)
《思索》二至六(黑皮本 1931—1938)

* *

来自德国的大师	〔德〕吕迪格尔·萨弗兰斯基 著
现象学运动	〔美〕赫伯特·施皮格伯格 著
道德意识现象学	〔德〕爱德华·封·哈特曼 著
心的现象	〔瑞士〕耿宁 著
人生第一等事(上、下册)	〔瑞士〕耿宁 著
回忆埃德蒙德·胡塞尔	倪梁康 编
现象学与家园学	〔德〕汉斯·莱纳·塞普 著
活的当下	〔德〕克劳斯·黑尔德 著
胡塞尔现象学导论	〔德〕维尔海姆·斯泽莱锡 著

图书在版编目(CIP)数据

时间概念/(德)海德格尔著;孙周兴,陈小文译.—北京:商务印书馆,2022(2023.2 重印)
(中国现象学文库.现象学原典译丛.海德格尔系列)
ISBN 978-7-100-20940-3

Ⅰ.①时… Ⅱ.①海…②孙…③陈… Ⅲ.①现象学—研究②时间哲学—研究 Ⅳ.①B81-06②B016.9

中国版本图书馆 CIP 数据核字(2022)第 049516 号

权利保留,侵权必究。

中国现象学文库
现象学原典译丛·海德格尔系列
时间概念
〔德〕海德格尔 著
〔德〕冯·海尔曼 编
孙周兴 陈小文 译

商 务 印 书 馆 出 版
(北京王府井大街36号 邮政编码100710)
商 务 印 书 馆 发 行
北京艺辉伊航图文有限公司印刷
ISBN 978-7-100-20940-3

| 2022年5月第1版 | 开本 880×1230 1/32 |
| 2023年2月北京第2次印刷 | 印张 5½ |

定价:45.00元